¿Y SI EL UNIVERSO NO ES COMO PENSAMOS?

¿Y si el universo

no es

como pensamos?

Editado por

Ruth Lazkoz, Gonzalo Olmo, Isabel Cordero, Fernando Barbero
y la Sociedad Española de Gravitación y Relatividad

Prólogo de Lorena Sánchez

BIBLIOTECA CIENCIA Y DIVULGACIÓN
RENACIMIENTO

BIBLIOTECA CIENCIA Y DIVULGACIÓN

Director:
Francisco J. Tapiador
Catedrático de la Universidad de Castilla-La Mancha

Esta obra ha contado con la ayuda para su edición
de la Sociedad Española de Gravitación y Relatividad

www.editorialrenacimiento.com
BUGANVILLA, I • 41907 VALENCINA DE LA CONCEPCIÓN (SEVILLA)
tel.: (+34) 955998232 • editorial@editorialrenacimiento.com

Diseño de cubierta: Equipo Renacimiento
Imagen de cubierta: RubinObs/NOIRLab/SLAC/NSF/DOE/AURA

DEPÓSITO LEGAL: SE 2639-2025 • ISBN: 979-13-87939-32-8
Impreso en España • Printed in Spain

PRÓLOGO

VOLVER A EMPEZAR

Tuvimos que empezar ¡tantas veces! Empezar con lo aprendido. Con lo aprendido sobre gallinas, cultivos y fogones reformulamos la tortilla de patata. Con lo mucho aprendido sobre el cosmos, ahora toca revisar la receta.

Un día supimos que las estrellas no eran puntos fijos en el cielo, y hubo que contarlo todo sin que la mayoría pudiera verlo. En los locos años 20, con París en el centro del mundo, sin límites creativos ni frenos morales, el Gran Debate discutía si la Vía Láctea era todo el universo. Con Edwin Hubble y Henrietta Swan Leavitt comenzaron a brotar las galaxias como setas, locamente. Ahí arriba, o debajo según se mire, hay enjambres de galaxias entrelazadas en una red inquietantemente parecida al cerebro humano, exóticas, diversas, difusas, enanas, gigantes. Fueron aquellos los años del surrealismo, el inconsciente y el placer freudiano, bañados en la Relatividad y la Mecánica Cuántica, el triunfo del universo no imaginado.

7

Con Albert Einstein el tiempo dejó de ser algo que pasa y la gravedad ocupó el trono en el reino de los cielos. Paralelamente, a partir de Niels Bohr, todo se deshizo en atolondradas miguitas de pan.

No solo las galaxias tuvieron nombre. *Man Gave Names to All the Animals*, cantaba Bob Dylan. Materia oscura, energía oscura, agujeros negros… ¡Big Bang! El comienzo del universo pudo al fin ser nombrado.

En un siglo ocurren muchas cosas. Bombas atómicas. Microondas. GPS. Un siglo para dar forma a un modelo del universo con un poco de Einstein y un poco de Bohr, aunque no haya puente que los una.

Y llegaron Carl Sagan, Stephen Hawking e Isaac Asimov para contárnoslo. Nos hicieron temer a los agujeros negros y sentirnos hijas e hijos de las estrellas. Ya se sabe cuánto unen el amor y el miedo.

Entonces se abrieron millones de ojos.

Es fácil amar la Luna, porque se ve. Incluso hace tríos en los romances y la roban los gitanos. Es más difícil amar su cara oculta. ¡Los ojos son tan primitivos! No nos dejan ver detrás de las cosas. Pero los insaciables pioneros del cosmos domaron los rayos infrarrojos, ultravioletas, X y gamma. Y el universo armónico perdió la paz. Nos sumergimos en un nido violento y caótico de grandes cataclismos cuyas ondas gravitacionales hace muy poco que han empezado a escucharse.

Llegaron Telescopios inverosímiles: el Hubble desveló la inmensidad del universo y, recientemente, el telescopio espacial James Webb nos ha puesto delante galaxias demasiado brillantes para ocupar un lugar en el amanecer del universo.

Los ojos no nos dejan ver lo más grande, tampoco lo muy pequeño. Al mismo tiempo que se desarrollaba la cosmología, los físicos han reventado partículas mínimas en ingenios como el LHC y creado trampas inverosímiles como el Super-Kamiokande. Han capturado un zoológico de micro nadas: bosones, y neutrinos que nos atraviesan como si fuéramos un colador. Los físicos de altas energías saben que aún no tienen casi nada de la nada –y eso que tienen mucho–, y que asomarse al nano mundo va a ser la aventura cósmica más alucinante del porvenir.

En el modelo de consenso que ha servido para explicar el cosmos hasta ahora siempre hubo singularidades que nadie negó. Singularidad no es lo mismo que ornitorrinco, no son extrañezas conocidas, ni el Big Bang ni los agujeros negros son mamíferos que ponen huevos. Son, ante la ley de la reina de los cielos, imposibles.

En el empeño por saber más, por mirar más lejos, por medir lo que dicen las ecuaciones, por explicar la oscuridad del universo, por desmigajar la miguitas del pan... En el camino de ese empeño científico de tantos por entenderlo todo, lejos de tener más certezas resulta que lo aprendido ha empezado a tambalearse.

Esta es la razón de este libro, su valor: es un libro pionero en contar las grietas de incertidumbre que se han abierto en el cosmos cuando más sabemos sobre él. Y, a partir de aquí, plantear cómo podría ser, basándose en la evidencia. Son científicas y científicos quienes escriben y, con cada artículo, abren las puertas a un universo posible más alucinante que nunca.

En sus páginas encontrarán que nuestro universo podría ser una *caja* dentro, o detrás, o arriba o debajo de otros universos, alguno con dos tiempos. Conocerán que los agujeros negros identificados hasta ahora son ornitorrincos distintos entre sí (algunos podrían ser tan pequeños como una montaña (10^{11} kg)), y que el tiempo podría desaparecer según rebobinamos hacia atrás en la historia del cosmos hasta un *the end* sin apocalipsis. Encontrarán agujeros de gusano nanométricos y modelos computacionales capaces, algún día, de dar con una explicación cuántica de la gravedad o dar caza al hipotético gravitón, la ropa interior de la reina de los cielos. Hay más, mucho más, pasen y abran los ojos.

Este libro debería llevar una advertencia: solo para aquellos que no esperan tener todas las respuestas.

Lorena SÁNCHEZ,
editora de ciencia en *The Conversation* España

PREFACIO

NOBLES EJERCICIOS DE FÍSICA cotidiana como ver oscilar un péndulo, deslizarnos por un tobogán, o reconocer constelaciones en una noche clara nos ponen en contacto con las leyes que gobiernan el universo a grandes escalas. No solo bordamos el tapiz del espacio-tiempo al tomar distancias y ver moverse las manecillas del reloj en cualquiera de esos experimentos. A través de cualquiera de esas experiencias estamos estableciendo un contacto directo con la gravedad. Y esa interacción, ese gobernante un poco tiránico, ha propiciado una gran cantidad de interrogantes a lo largo de la historia de la humanidad. Y preguntarse es, ni más ni menos, aceptar nuestros vacíos en el conocimiento. Es lógico pensar que en un campo en el que se formulan muchas (y buenas) preguntas sea entonces uno que precise de esfuerzos extra para avanzar en su comprensión.

Ha dejado dicho hace poco un filósofo alemán nonagenario que «nunca habíamos sabido tanto de nuestra ignorancia». Y, si bien ese desconocimiento y su amplificación en redes sociales se han puesto de manifiesto en la reciente crisis sanitaria, la pataleta del sabio es perfectamente trasladable a otros contextos.

Porque si exploramos lo que se cuenta en las redes profesionales que nos entrelazan a cosmólogos, astrónomos y físicos teóricos, vemos que no solo conocemos la inmensidad de nuestra ignorancia sobre las leyes que gobiernan el universo. También se nos presenta la triple dificultad de justificar por qué creemos que queda aún mucho por conocer, hilar un comprensible discurso que nos permita relatar lo que no se sabe y lo que se vaya descubriendo y, por último, tener muy claro que para avanzar en el conocimiento hay que partir de unos cimientos asentados, los que ha construido la comunidad del saber durante siglos.

Se han escrito volúmenes, se han rodado películas de ficción, y hasta es posible que se hayan hecho canciones y poemas acerca del hecho de que conocer mejor el universo es la cumbre más alta de la curiosidad humana. Y pese a que ahora estamos distraídos con bichejos infames o fuentes de energía cuasi-quiméricas, los grandes descubrimientos de la física del cosmos siguen acaparando titulares de prensa y abriendo informativos cuando se producen. Aprovechamos para pedir disculpas por hacernos hueco en esos medios con titulares catastrofistas en plan de «el universo acabará de forma abrupta» o retando a los físicos más famosos del área, que ya son casi iconos pop, como podrían ser las clásicas aseveraciones del tipo «Einstein estaba equivocado».

Pero la ciencia disruptiva se enfrenta a un intrusismo que quizá no sea del todo nuevo, que acaso solo ha tomado diferente aspecto. La manera quizá más infame en la que se nos presenta a día de hoy es a través de las dichosas redes sociales, en las que se viraliza una viñeta de Snoopy que dice que cuestionar la ciencia es hacer ciencia y en las que un tweet de un gran magnate abunda en la misma idea. Los que amplifican ese ruido omiten por interés o desidia el importante hecho de que la ciencia necesita el contrapunto de la evidencia. Las pruebas hay que saber buscarlas, procesarlas e interpretarlas. Y todo ese trabajo parte de la humilde posición de saber lo que no se sabe.

En la física del universo trabajamos todo el rato limitados por no poder mirar más lejos, por no tener más capacidad de cálculo, por la imposibilidad de retroceder en el tiempo y reproducir el universo, y por una serie de obstáculos adicionales que harían esta lista más larga. La astronomía y la cosmología nos han dado sorpresas continuas a lo largo de la historia. Encontramos agujeros negros con demasiada masa, estrellas demasiado pequeñas para haber llegado a ese estado en la historia del universo, galaxias que no parecen tener materia oscura, discrepancias severas entre lo que dicen unos experimentos y otros respecto al ritmo de expansión del universo. Claramente muchas de las piezas que construyen nuestro conocimiento actual del universo están cogidas con pinzas, lo que vertemos en nuestros libros de texto, aunque sea a nivel tan avanzado como de un curso de doctorado, está en gran medida sujeto a debate, lo sabemos y en cierto modo miramos hacia otro lado, pero miramos con cierto estrabismo, un ojo apunta a lo desconocido, pero el otro apunta a todo el conocimiento previo que atesoramos.

Esta obra es una colección de trabajos de investigadores punteros de España y Portugal en el que se desarrollan esas dos mitades de la naranja, lo que conocemos y lo que adoraríamos conocer. Cuando hablamos de que el universo no es como pensamos en realidad estamos haciendo ya no trampas al público, sino que nos hacemos trampas a nosotros mismos, con la esperanza acaso vana de que comprender nuestra imagen actual del universo nos permita destrozarla en el peor de los casos, o pulirla en el mejor.

En cualquier caso, todo este manifiesto tan prentendidamente sesudo carece de valor si la pregunta de si el universo no es como pensamos se aborda exclusivamente desde la perspectiva más academicista que nos podamos imaginar. Creemos firmemente no solo ya en que es un viaje que hay que compartir con toda la sociedad, sino que hay que hacerlo provocando dos sensaciones que tradicionalmente no han acompañado a la diseminación del conocimiento más puntero en física.

Buscamos entretener con mayúsculas, generando el guiño y la complicidad sin desviarnos del rigor pero pecando de cierta autocomplacencia. Por eso nos hemos tomado la libertad de deslizar pequeñas bromas que esperamos que no solo se ganen el aplauso gremial. Muestra de ello son los títulos, que hacen referencia al ámbito literario, a películas o a canciones, y a otras manifestaciones culturales. Deseamos también que sean nuestra carta de bienvenida a la ciencia del cosmos para todas aquellas personas que hayan entrado en contacto con ella gracias a humildes pero dignas experiencias del día a día.

Ruth LAZKOZ (Antigua presidenta de la SEGRE)

EN OCASIONES VEO LA CURVATURA DEL ESPACIO-TIEMPO

Jose Beltrán

SAMANTHA Cristoforetti es astronauta de la ESA y asumió el cargo de comandante en la primera fase de la expedición 68 a la Estación Espacial Internacional. En sus ratos de ocio, Samantha nos ha regalado preciosas imágenes flotando en la estación con la Tierra de fondo y nos ha acercado a la vida en el espacio mostrándonos cómo se realizan actividades cotidianas como lavarse el pelo o preparar un buen *espresso* en estado de ingravidez. Se podría aventurar que esta ingravidez se debe a que la fuerza gravitacional que la Tierra ejerce sobre la estación es diminuta. Sin embargo, esto no es cierto. Para convencerse, basta consultar que el radio medio de la Tierra mide 6 371 km y que la estación espacial orbita a unos 420 km de altura. Recordando ahora que Newton nos enseñó que la fuerza de la gravedad es inversamente proporcional al cuadrado de la distancia, no es difícil calcular que la gravedad en la estación espacial es solo un

12 % menor que sobre la superficie terrestre, insuficiente para que Samantha pueda flotar. Pero, entonces, ¿por qué flota?

Buscar la verdadera razón de la ingravidez en la estación nos aboca irremediablemente a encontrarnos con una de las propiedades más fundamentales de la gravedad: el principio de equivalencia. Este principio tiene varias versiones y puede entenderse de diversas maneras, pero una conveniente para nosotros ahora es la que expresa el carácter universal de la gravedad, es decir, que todo siente la gravedad de forma idéntica. Esto no ocurre con otras fuerzas como la electromagnética que sí permite distinguir entre partículas con diferentes cargas y masas porque se aceleran de forma diferente en un campo electromagnético.

Gracias a esta propiedad podemos separar las cargas de un sistema aplicando un campo eléctrico. Por ejemplo, si ponemos un átomo de hidrógeno en un campo eléctrico suficientemente intenso, arrancaremos su electrón porque se acelerará en dirección opuesta al protón de su núcleo. Esto mismo no es posible en el caso de la fuerza gravitacional precisamente por su universalidad. No podemos arrancar el electrón con un campo gravitatorio porque el protón reaccionará de forma idéntica.

Para ser precisos, todo esto es verdad siempre y cuando el campo gravitatorio no varíe mucho como ocurre por ejemplo en la estación espacial. Cuando las variaciones del campo gravitatorio son apreciables, diferentes partículas se comportarán de forma distinta, pero esto es porque el campo gravitatorio es diferente, no porque ellas lo sientan de otra forma. Esto explica, por ejemplo, por qué en los océanos hay mareas, pero en un lago no. Las diferencias que se perciben en el agua de las costas atlánticas de América y África al verse afectadas por la variación del campo gravitatorio de la Luna son muy significativas porque están muy alejadas, pero esta variación es inapreciable entre las orillas de un lago dado su tamaño en comparación.

La gravedad no distingue al protón del electrón a pesar de que tienen diferente masa. Además, mientras que existen cargas eléctricamente neutras que no sienten las fuerzas electromagnéticas, no hay masas neutras que puedan esconderse de la gravedad, exhibiéndose nuevamente su carácter universal. Entre otras cosas, todo esto significa que, si nos dejamos caer en un campo gravitatorio, todo debería ser igual que si estuviésemos en reposo o moviéndonos a velocidad constante (lo que se conoce como sistema inercial) y no hubiese gravedad, que es otra forma de interpretar el principio de equivalencia. Ahora podemos entender por qué Samantha flota en la estación espacial, ¡porque tanto ella como la estación están cayendo conjuntamente en el campo gravitatorio terrestre!

Una versión débil del principio de equivalencia ya estaba presente en la mecánica de Newton, la que nos dice que la resistencia de un cuerpo a cambiar su velocidad (que llamamos masa inercial) es igual que su reacción a la gravedad (lo que llamamos masa gravitatoria). Albert Einstein comprendió profundamente esta relación y concluyó que hacía falta una versión más fuerte para hacer compatible la gravedad con la relatividad especial. El salto conceptual que supuso entender el principio de equivalencia como principio físico fundamental fue importante, pero formalizarlo en una teoría física no resultó una empresa fácil y le llevó a Einstein ocho años de intenso trabajo e intentos fallidos obtener la Relatividad General como la teoría relativista de la gravedad. Conviene aclarar que la llamamos así porque hoy sabemos que es la única posible si se quieren preservar ciertos principios fundamentales. El genio de Einstein consistió en encontrar esta teoría por medio de su intuición física.

Su punto de partida estaba basado precisamente en que la gravedad trata a todas las partículas de forma idéntica, así que su movimiento debe poder asociarse enteramente a esta fuerza y la naturaleza de las partículas debe ser irrelevante. Esto nos lleva a pensar que la gravedad podría entenderse a partir de la geometría del movimiento de las partículas. En la mecánica clásica, el movimiento no es más que una descripción de cómo cambia la posición en el espacio con el tiempo, pero la relatividad especial nos dicta que espacio y tiempo forman parte de una estructura común: el espacio-tiempo. Llegamos entonces a la conclusión de que la gravedad tiene una íntima relación con la geometría del espacio-tiempo. Cabría preguntarse ahora ¿por qué la gravedad determina la estructura del espacio-tiempo? Para responder a esta pregunta, habría que saber primero qué son el espacio y el tiempo. De manera intuitiva, todos sabemos qué son... siempre y cuando no se nos pida explicarlo. En nuestra vida cotidiana, podemos decir que el espacio es lo que se mide con reglas y el tiempo lo que se mide con relojes. Pero claro, entonces nos portamos como niños pequeños y preguntamos qué es medir o qué son un reloj y una regla. Intentemos responder. Supongamos que queremos medir la longitud de una mesa. ¿Qué hacemos? Sencillo, cogemos una cinta métrica, la superponemos sobre la mesa haciendo coincidir el cero con uno de sus extremos. Entonces nos fijamos en la marca que coincide con el otro; el número que se encuentra sobre ella nos dirá su longitud.

En este procedimiento hay una sutileza que normalmente pasa desapercibida y es que, aunque no lo parezca, hemos utilizado de forma implícita que existe un concepto bien definido de simultaneidad. Tenemos que asegurarnos de que el cero de la cinta coincide con un extremo de la mesa cuando miramos la marca que coincide con el otro extremo. Sin embargo, la relatividad especial de Einstein ya nos mostró que la simultaneidad no es un concepto absoluto. Dos eventos simultáneos para un observador pueden no serlo para otros observadores en movimiento relativo. Antes hemos explicado la equivalencia entre caer en un campo gravitatorio y moverse a velocidad constante y, a la vista de lo anterior, podemos concluir que el campo gravitatorio también afectará a la simultaneidad de eventos por esta equivalencia. Como la medida de distancias requiere la simultaneidad, la gravedad afecta de forma fundamental a dichas medidas.

Algo similar ocurre con el tiempo. Cuando medimos el tiempo comparamos con un reloj que esté en el mismo sitio donde queramos hacer la medición, pero, nuevamente, que dos eventos que tienen lugar en distintos instantes de tiempo ocurran en el mismo punto del espacio es algo que no se puede decidir de forma absoluta. Ocurre en la relatividad especial cuando hay un movimiento relativo y ocurre también cuando hay un campo gravitacional por la mencionada equivalencia. Nos encontramos nuevamente con que nuestras medidas del tiempo se verán afectadas por el campo gravitatorio. Por esta razón la gravedad está íntimamente relacionada con la estructura del espacio-tiempo.

Y recordemos que lo que se encuentra en el origen de estos fenómenos es el hecho de que todas las partículas sienten la gravedad de la misma forma, es decir, el principio de equivalencia.

Una vez que hemos establecido la naturalidad de entender la gravedad como geometría del espacio-tiempo, el siguiente paso es analizar la forma concreta de geometrizar la gravedad. Einstein formuló esta geometrización a través de la curvatura del espacio-tiempo y esta visión es la que se ha instaurado como la manera estándar de entender y operar con la gravitación. Sin embargo, una vez que aceptamos el hecho de que el principio de equivalencia permite una interpretación geométrica de la gravedad, la pregunta pertinente sería si ésta es única o existen interpretaciones alternativas.

Para avanzar en esta dirección, es conveniente señalar que, además de la curvatura, un espacio-tiempo puede tener otras dos propiedades geométricas fundamentales como son la torsión y la metricidad. Pero, ¿qué son todas estas propiedades? Intentemos visualizarlo. La existencia de curvatura se manifiesta en la rotación de un sistema de referencia cuando nos desplazamos sobre un camino cerrado. Un ejemplo clásico. Situémonos en el Polo Norte y emprendamos un viaje hacia el sur hasta Buenos Aires. Una vez allí, viajaremos hacia el este, manteniendo nuestra mirada hacia el sur, hasta Ciudad del Cabo. En el último tramo de nuestro viaje, volveremos al Polo Norte (sin cambiar hacia dónde miramos). Cuando lleguemos al punto de partida ya no estaremos mirando hacia Buenos Aires, sino que nuestra vista se dirigirá a Ciudad del Cabo, es decir, nuestra orientación ha virado hacia el este. Esto se debe a que la Tierra es una superficie con curvatura (al contrario que, por ejemplo, el mundodisco).

Pasemos a la torsión. Su presencia se manifiesta en el hecho de que los paralelogramos no son cerrados. ¿Qué? A ver, intentemos entenderlo con un tablero de ajedrez. En un tablero normal, una dama en su posición de partida que avanza cinco casillas, luego se mueve tres a la derecha, retrocede otras cinco y, finalmente, se desplaza tres casillas a la izquierda, vuelve a su posición inicial. Ha recorrido un rectángulo cerrado. Sin embargo, si partimos en dos la casilla situada a la derecha de la dama, de modo que la primera fila tenga nueve casillas, el mismo paseo por el tablero terminará una casilla a la derecha de su posición inicial. El rectángulo ahora no se ha cerrado. Este defecto puede interpretarse como causado por la torsión en la geometría del tablero de ajedrez que se ha generado al dividir una casilla. Finalmente, la ausencia de metricidad nos indica cómo se distorsionan los ángulos y las distancias a medida que nos movemos. Por ejemplo, si transportamos una regla por el espacio y su longitud no cambia, hay metricidad, pero si su tamaño va cambiando a medida que nos movemos, entonces no hay metricidad. Esto no es tan raro como pueda parecer. Si usamos una regla de aluminio, nuestras medidas dependerán, entre otras cosas, de la temperatura a la que realicemos la medida porque el aluminio se dilatará en ambientes más cálidos y se contraerá en entornos más fríos. Por eso la barra de iridio de París debía mantenerse aislada y a temperatura constante. Uno podría objetar que entonces usemos una regla que no se deforme con la temperatura. El problema es que la gravedad actúa de forma análoga, salvando las distancias, y es universal, así que tendrá efecto sobre todas las reglas y los relojes del universo. Pues bien, resulta que la Relatividad General puede entenderse, no solamente en la forma habitual en términos de la curvatura del espacio-tiempo, sino también de otras formas equivalentes en las que la gravedad puede asociarse tanto a la torsión como a la ausencia de metricidad del espacio-tiempo. De hecho, el propio Einstein ya sugirió que la gravedad podría entenderse en términos de la torsión, aunque la interpretación como curvatura prevaleció.

Llegados a este punto, es inevitable plantearse si la existencia de interpretaciones geométricas alternativas para la gravedad no podría sugerir que asociarla a la curvatura del espacio-tiempo es una convención más que una propiedad fundamental. Lo fundamental es el principio de equivalencia que permite una interpretación geométrica de la gravedad, pero hay cierta flexibilidad en la geometrización concreta que queramos realizar.

Hasta ahora hemos visto cómo el principio de equivalencia juega un papel fundamental en la descripción geométrica de la gravedad. En nuestro deseo de comprender más profundamente la naturaleza, no podemos evitar preguntarnos por qué el principio de equivalencia es válido. ¿Es un accidente? ¿Acaso podría derivarse como una consecuencia lógica de principios más fundamentales? Sorprendentemente, esta pregunta encuentra una respuesta afirmativa en el marco de las teorías efectivas, que es la forma moderna de entender las teorías físicas. La idea subyacente es que no necesitamos conocer todos los detalles de un sistema físico para describirlo hasta una cierta precisión. Por ejemplo, no necesitamos conocer la estructura molecular del agua para describir las olas en el mar. Como tampoco necesitamos conocer la orografía terrestre para describir las órbitas de los satélites alrededor de la Tierra.

Esta misma idea se aplica para describir las interacciones como el electromagnetismo y la gravedad. Recordemos que las partículas pueden describirse a partir de ciertas propiedades intrínsecas como son su masa y su espín. No entraremos a definir qué son estos dos conceptos, sino que únicamente nos interesa saber que sirven para caracterizar a las partículas. El fotón, la partícula mediadora de la fuerza electromagnética, tiene masa nula y espín 1. El hecho de que el fotón tenga masa nula, aunque pueda parecer una propiedad inocente, tiene implicaciones muy profundas. La razón es que tener masa nula limita su dinámica de manera muy estricta de modo que los fotones están forzados a moverse a la velocidad de la luz y nunca pueden ir ni más rápido ni más despacio. Además, esta propiedad es cierta para cualquier observador (no podemos montarnos en un fotón y verlo en reposo).

Ahora viene la parte crucial: esta propiedad fundamental no puede violarse mediante las interacciones del fotón con otras partículas como los electrones. Esto limita substancialmente cómo un fotón puede interaccionar con la materia porque se tienen que preservar las consecuencias de que el fotón no tenga masa o, dicho de otra forma, el fotón no puede engordar al hablar con otras partículas. Estas limitaciones llevan a una consecuencia muy importante: los fotones sólo pueden comunicarse con sistemas que conservan la carga eléctrica. Esto nos permite entender la conservación de esta carga como una consecuencia necesaria de la liviandad del fotón.

Ahora podemos hacer un análisis similar para la gravedad, cuya (hipotética) partícula asociada, que llamaremos gravitón, tiene espín 2 y masa nula. Igual que ocurre con el fotón, estas propiedades también limitan cómo el gravitón puede hablarse con el resto de partículas. En particular, lo convierten en una partícula sin prejuicios que trata igual a todas las demás. Pero esto es justo el principio de equivalencia, así que, igual que la conservación de la carga eléctrica puede relacionarse con la ligereza del fotón, el principio de equivalencia se puede entender a partir de la naturaleza liviana del gravitón.

Para concluir, nos meteremos en el jardín del mundo cuántico. Tal vez el lector esté familiarizado con la profunda incompatibilidad entre la Mecánica Cuántica y la Relatividad General. Bueno, esto sólo es verdad a medias y debe entenderse en su justa medida. La Relatividad General puede interpretarse como una teoría cuántica en el sentido de teorías efectivas explicado antes. La diferencia con el resto de interacciones es que la Relatividad General, como teoría cuántica efectiva, no es válida para cualquier rango de energías, sino únicamente hasta la llamada escala de Planck (siendo muy optimistas), que es extremadamente grande. Tan grande es, que los efectos cuánticos son minúsculos en la mayoría de los procesos ocurridos en el universo y durante la mayor parte de su evolución. Sin embargo, estos efectos cuánticos están presentes (presumiblemente) y sus predicciones se pueden calcular con técnicas estándar. Lo interesante de estos efectos es que violan el principio de equivalencia.

Intuitivamente, esto puede entenderse porque las pequeñas correcciones cuánticas que una partícula sufre en su movimiento exploran el espacio que rodea a su trayectoria. Estas pequeñas incursiones permiten a la partícula explorar un poquito la geometría cerca de su camino y la forma de hacer estas excursiones es diferente para diferentes partículas. Esto nos lleva a que, en este marco, el principio de equivalencia es de hecho un accidente que ocurre en la física que somos capaces de explorar, pero si tuviéramos un aparato con suficiente precisión, veríamos que la gravedad sí distingue entre las diferentes partículas y su naturaleza cuántica desvelaría que, después de todo, sí tiene algunos prejuicios.

LA (OTRA) LEYENDA DEL TIEMPO

Gonzalo OLMO

¿EL TIEMPO ES LO QUE MIDEN LOS RELOJES? A finales del siglo XX los astrónomos descubrieron que la expansión del universo se está acelerando en lugar de frenarse, como cabría esperar debido a que la gravedad es una fuerza atractiva. Suelo bromear diciendo que esa aceleración cósmica también se manifiesta en nuestra sociedad y en nuestro día a día. Aunque tenemos transportes para desplazarnos de un lugar a otro más rápido y electrodomésticos que nos liberan de algunas tareas, en lugar de disponer de más tiempo para nosotros, la realidad es que cada vez tenemos más cosas que hacer. ¡¡¡Nos falta tiempo!!! Pero ¿qué es el tiempo? ¿Es otra dimensión más allá del espacio? ¿Se podría viajar en el tiempo? Qué fácil es dejarse llevar por la imaginación para olvidarse del ritmo social acelerado en el que vivimos. La literatura y el cine nos ofrecen una deliciosa zanahoria al tratar el concepto del tiempo como algo manipulable, pero ¿cuánto hay de cierto en esa visión del tiempo como una dimensión independiente por la que se podría viajar a voluntad? Echemos la vista atrás para entender de qué estamos hablando.

Algunas de las mayores revoluciones en el conocimiento humano han surgido al cuestionar conceptos como el de simultaneidad y al intentar entender la naturaleza física del tiempo. El mero hecho de intentar medir con cierta precisión intervalos de tiempo ya nos ayudó a desterrar fuertes creencias del pasado. Galileo, que se peleó con la Santa Inquisición por jugar con un telescopio, se dedicó durante un tiempo a estudiar el movimiento en caída libre de los objetos. Podría haber aceptado las palabras de Aristóteles —que los objetos más pesados caen más rápido que los más ligeros—, pero como era todo un rebelde, se molestó en hacer experimentos para intentar encontrar patrones y semejanzas que pudieran ayudarle a entender el movimiento de los cuerpos. Y para entender mejor cualquier cosa, siempre es bueno cuantificarla, asignarle valores numéricos para poder compararla con cierto criterio, aunque sea aproximado, pues más vale estar cerca que totalmente equivocado. Con esta filosofía, Galileo se planteó la manera de medir velocidades (el ritmo de cambio de las posiciones) y aceleraciones (el ritmo de cambio de las velocidades). Como los objetos en caída libre se mueven muy rápido, decidió usar planos inclinados y comparar el movimiento de masas distintas al descender por ellos. Podría haber intentado usar la tecnología propia de su época —relojes de arena o de sol–, pero esos instrumentos eran demasiado toscos para medir intervalos de tiempo reducidos. Para superar ese obstáculo, ingenió una serie de relojes de agua cuyo componente básico eran unos depósitos que dejaban salir el líquido por unas boquillas delgadas de manera bastante uniforme. Así consiguió medir pequeñas diferencias de tiempos usando una simple balanza. Sus resultados forman parte de la historia dorada de la Física: la aceleración por el plano inclinado es constante y sólo depende del ángulo que forma con la horizontal, por lo que, al llegar abajo, la velocidad sobre el plano horizontal se mantiene constante.

Estos experimentos sirvieron de semilla para que, años después Newton interpretara que las aceleraciones son causadas por fuerzas, dejando claro que en ausencia de fuerzas los cuerpos mantienen su estado de movimiento, es decir, siguen en reposo o se desplazan en línea recta con velocidad constante, como las masas al llegar a la base del plano inclinado. Si repetimos ahora las observaciones de Júpiter que hizo Galileo con su telescopio, veremos que existen puntitos luminosos (lunas) que a lo largo de varios días realizan movimientos periódicos alrededor del punto central más brillante (Júpiter). Esto prueba que dichas lunas están sujetas a fuerzas, lo que indica que el movimiento de los astros en el cielo responde a causas y no sucede porque sí, como defendía el modelo ptolemaico. ¡Y todo esto surge de medir el tiempo con chorritos de agua! Curiosamente, su insaciable sed de conocimiento y el interés por encontrar patrones en el pulso cardíaco de sus pacientes llevaron a Galileo a idear otro sistema para medir el tiempo usando un péndulo. Ese mecanismo fue mejorado por Huygens y rápidamente dio lugar al nacimiento de los primeros relojes de péndulo, que dominarían la forma de medir el tiempo hasta mediados de la década de 1930, cuando aparecieron los primeros relojes eléctricos.

La idea de relacionar los movimientos acelerados con fuerzas, llevó a Newton a formular sus leyes de la mecánica y la ley de la gravitación universal. Una consecuencia importante de esto es que tanto los cuerpos terrestres como los celestes estarían gobernados por las mismas leyes, sin discriminaciones. Las leyes de Newton se basan en la existencia de un espacio absoluto, que contiene a todos los objetos, y un tiempo absoluto, que es el mismo para todos los observadores, estén donde estén y se muevan como se muevan. El espacio de la Mecánica Newtoniana es como un sistema cartesiano que etiqueta las posiciones del espacio aunque no existan partículas en él. En realidad, no es posible medir posiciones y velocidades absolutas, pues las ecuaciones de Newton son las mismas para todos los observadores relacionados por una velocidad relativa constante (conectados por las llamadas transformaciones de coordenadas inerciales o de Galileo), por lo que en realidad sólo tienen sentido las posiciones y velocidades medidas con respecto a un sistema inercial de referencia. Las aceleraciones, en cambio, sí que tienen un sentido intrínseco en la mecánica clásica y son las mismas para todos los observadores inerciales, por eso se asocian con la acción de fuerzas y constituyen la esencia de la segunda ley de Newton.

Las leyes del gran sabio inglés permitieron comprender en detalle las propiedades del movimiento de las partículas y de los cuerpos (sistemas de partículas) y su relación con las causas que lo producen. Esto ayudó al avance de las ciencias y la ingeniería en múltiples direcciones. Fue la invención del ferrocarril y su implantación generalizada en Europa y América lo que hizo necesario revisar nuevamente nuestra forma de medir el tiempo y definir la hora local, pues había que sincronizar horarios en distintos puntos de la red de tren. Los estándares de las distintas ciudades, que normalmente definían el mediodía por la posición más alta del Sol, dieron paso al establecimiento de husos horarios que dividían el planeta en zonas de 15°, haciendo un total de 24 horas. El crecimiento del telégrafo en paralelo a las redes ferroviarias facilitó el desarrollo de sistemas para la sincronización de relojes distantes mediante el intercambio de señales eléctricas.

Justo en ese período, principios del siglo XX, el joven Albert Einstein comenzó a trabajar en la oficina de patentes de Berna (Suiza) evaluando diseños de dispositivos electromecánicos para la sincronización de relojes. Einstein era conocedor del experimento realizado por Michelson y Morley en 1887 para determinar la velocidad de la Tierra respecto del éter luminífero, una especie de fluido en reposo que según la visión del siglo XIX servía de soporte para la propagación de las ondas electromagnéticas, incluyendo la luz. Como las ecuaciones de Maxwell para estas ondas permitían calcular su velocidad c= 299 792,458 km/s, era natural postular la existencia de un medio absoluto con respecto al cual esta velocidad tuviera sentido. Midiendo la velocidad de propagación de la luz en direcciones perpendiculares, Michelson y Morley pensaron que debería ser posible determinar la velocidad relativa de la Tierra con respecto al éter. Sólo era necesario usar la ley de suma de velocidades de Galileo. Esto parecía indicar que la Mecánica Newtoniana junto con el Electromagnetismo de Maxwell permitía la determinación tanto de aceleraciones como de velocidades absolutas respecto del sistema de referencia privilegiado definido por el éter. Sin embargo, el experimento de Michelson y Morley no consiguió detectar el movimiento de la Tierra a través del éter a pesar de su exquisita precisión. Para poder alcanzar esta conclusión era necesario medir la velocidad de propagación de la luz con una precisión más fina que la velocidad de la Tierra en su órbita, que es de unos 30 km/s, lo que requería el uso de instrumentos de medida extraordinariamente sensibles. La idea básica del diseño experimental de Michelson y Morley, el interferómetro, sigue usándose hoy día en múltiples aplicaciones que exigen alta precisión en medidas de distancias y/o tiempos como, por ejemplo, los detectores de ondas gravitatorias.

Einstein consiguió interpretar las observaciones de Michelson y Morley poniendo de manifiesto que las leyes de Maxwell eran más fundamentales que las de Newton y que la ley de composición de velocidades de Galileo debía ser modificada (por la ley de transformación propuesta por Lorentz) para garantizar que la velocidad de la luz fuera constante y universal para todos los observadores. En otras palabras, la velocidad de propagación de la luz observada desde cualquier sistema de referencia siempre será la misma: c. Además, ningún objeto material puede alcanzar velocidades mayores que c medidas con respecto a cualquier otro observador. Esto tiene implicaciones muy profundas para la comprensión del espacio y el tiempo. De hecho, la universalidad de c tiene como consecuencia que conceptos como la simultaneidad de dos sucesos o la distancia entre dos puntos dependan directamente del observador. La naturaleza nos dice que el espacio y el tiempo ya no son entidades independientes, como en la mecánica de Newton, sino que deben combinarse para dar sentido a las observaciones de objetos en movimiento a altas velocidades relativas. Los relojes, que para Newton seguían un estándar de tiempo de tipo casi platónico, en el sentido de universal y único, según Einstein pasaban a tener una identidad propia que depende de las peculiaridades de la trayectoria de cada observador al interpretar la relatividad en términos geométricos en un espacio (espacio-tiempo en la jerga de los físicos) de cuatro dimensiones, tres de ellas espaciales y una temporal. En este contexto, las transformaciones que ligan unos sistemas de referencia con otros –las famosas transformaciones de Lorentz– admiten una interpretación natural en el mismo sentido en que son naturales las rotaciones en el espacio tridimensional ordinario. Un observador en el Polo Norte dirá que la estrella polar está sobre su cabeza, mientras que uno en el ecuador dirá que la ve en el horizonte. Las observaciones de uno y otro se relacionan por una rotación en el espacio.

Cuando realizamos rotaciones espaciales el tamaño de las cosas no cambia, sólo su dirección. Bien, pues la velocidad relativa entre dos observadores inerciales permite definir una especie de ángulo de rotación entre la dimensión temporal y las espaciales de sus respectivos sistemas de referencia. Esa rotación deja invariante la velocidad de la luz, pero afecta a las nociones de simultaneidad y longitud de los observadores implicados. De esta manera, el tiempo pasa a formar parte del engranaje geométrico de la descripción matemática del mundo físico y aparece en las ecuaciones de manera similar a como lo hacen las variables espaciales. Al dotar a la relatividad de Einstein de esta estructura geométrica espacio-temporal, se facilitó enormemente la tarea matemática de reformular la física para hacerla compatible con la nueva ley de composición de velocidades. Así, magnitudes como la energía y el momento de una partícula, que en la mecánica de Newton son de tipo escalar y vectorial, respectivamente, ahora vienen representadas como un vector de cuatro componentes, que combinan energía y momento para dar lugar a la relación $E^2 = m^2c^4 + p^2c^2$, que, en el sistema de referencia propio de la partícula, donde $p = 0$ porque la partícula se ve a sí misma en reposo, conduce a la famosa fórmula $E = mc^2$.

Entre las modificaciones más urgentes que necesitaba la física de Newton para poder ser compatible con las ideas relativistas de Einstein encontramos su ley de la gravitación. Para darse cuenta de esto, basta observar que el potencial gravitatorio cumple la ecuación de Poisson, que no depende del tiempo, lo que implica que los efectos de la gravedad son instantáneos. Por el contrario, las ecuaciones de Maxwell del electromagnetismo sí dependen del tiempo e imponen la existencia de una velocidad máxima para la propagación de las ondas electromagnéticas. Era evidente que había que adaptar la ley de la gravedad a la nueva realidad física, pues no parecía razonable que los efectos gravitacionales debidos al movimiento de cargas eléctricas se pudieran sentir instantáneamente en cualquier lugar del universo mientras que sus efectos electromagnéticos tuviesen que esperar a que las ondas encargadas de transmitirlos llegasen hasta los diferentes lugares. Una consecuencia inmediata de la existencia de una velocidad máxima para la transmisión de información (codificada, por ejemplo, en impulsos electromagnéticos) es que en un punto dado del espacio-tiempo, al que nos podemos referir como el presente aquí y ahora, todos los observadores que coincidan en ese punto estarán de acuerdo sobre qué eventos corresponden al pasado y cuales al futuro. Otros observadores localizados en otros puntos del espacio-tiempo tendrán sus propios pasados y futuros, pues la información que les alcanza a ellos (o que transmiten) tarda un cierto tiempo en llegar a los demás.

La ordenación de la secuencia de sucesos históricos (pasados y futuros) dependerá de la posición en el espacio que ocupen los distintos observadores y de sus velocidades relativas. Por eso cuando miramos al cielo y vemos las estrellas, en realidad estamos viendo la luz que emitieron hace años. La luz que emiten ahora, nos alcanzará en nuestro futuro. El presente es sólo una ilusión que compartimos con nuestro entorno más próximo, en el que el tiempo que tarda la luz/información en alcanzarnos es imperceptible para los sentidos. En el marco de la mecánica de Newton, el pasado y el futuro eran comunes para todos los observadores y sólo dependían de lo que indicase el reloj universal respecto del instante presente actual.

La representación espacio-temporal promovida por Minkowski fue rápidamente aceptada por la comunidad científica y es el lenguaje habitual de la Física de hoy. Al combinar el espacio y el tiempo en una misma estructura geométrica, es tentador pensar que de la misma manera que podemos desplazarnos hacia adelante y atrás en el espacio, quizás también podría ser posible desplazarse en el eje temporal hacia adelante y hacia atrás. Aunque viajar hacia adelante en el tiempo es algo inevitable, la pregunta relevante es si es posible viajar hacia atrás en el tiempo dentro del marco de la relatividad de Einstein. No se puede, no, a no ser que hagamos magia. Que las dimensiones espaciales y temporal entren en las ecuaciones de manera similar no significa que sean equivalentes, pues parecido no es lo mismo. Podríamos conseguir la magia que permitiría viajar en el tiempo, lo que técnicamente se conoce como generación de curvas temporales cerradas, con los llamados agujeros de gusano. Los agujeros de gusano aparecen en la literatura, el cine y los videojuegos como una especie de puertas mágicas (o tuberías verdes en el caso de Mario Bros.) que permiten desplazarse a lugares lejanos de manera casi instantánea. En un contexto relativista, donde espacio y tiempo desempeñan papeles similares, un agujero de gusano no sólo nos permitiría viajar por el espacio, sino también por el tiempo. En su libro 'Agujeros de gusano Lorentzianos', Matt Visser nos da varias recetas para construir una máquina del tiempo usando un agujero de gusano con la entrada y la salida separadas por una cierta distancia.

Usando inteligentemente las leyes que relacionan a diferentes observadores en la relatividad de Einstein es posible inducir un desplazamiento temporal entre la entrada y la salida. Posteriormente sólo habría que acercar ambas lo suficiente para que el salto temporal necesario para ir de una a la otra por el agujero de gusano fuera mayor que el tiempo que se tarda en recorrer la distancia que las separa por fuera. Aunque el mecanismo parece elemental, la realidad es que es tan fácil o difícil como preparar un guiso de dragón, pues el ingrediente fundamental es... un dragón. Aunque los agujeros de gusano no gozan de la misma reputación que los agujeros negros, es bueno recordar que durante muchos años los agujeros negros también fueron considerados como soluciones exóticas de la teoría de Einstein de la gravitación sin que se tuvieran muchas esperanzas de que representaran objetos astrofísicos reales. En los últimos años, importantes avances tecnológicos han permitido arrojar nueva luz sobre la existencia de objetos astrofísicos compactos cuyas características son compatibles con las de los agujeros negros. Aun así, es demasiado pronto para afirmar con rotundidad que efectivamente no hay lugar para otras opciones: aunque su silueta se parezca mucho a la de un caballo y relinchen como un caballo, no podemos descartar completamente que puedan ser unicornios.

La teoría de la gravitación de Einstein, también conocida como Relatividad General, surge de la necesidad de extender la teoría de la gravedad de Newton al contexto relativista y de encontrar una representación de las leyes de la Física que fuera válida para cualquier observador, ya sea inercial o sujeto a aceleraciones arbitrarias. Al pensar sobre cómo perciben el mundo los distintos observadores, Einstein consiguió entender que la gravedad no era una fuerza como las demás, sino algo muy distinto: un fenómeno geométrico relacionado con la curvatura del espacio-tiempo.

El hecho de que en un campo gravitatorio todos los cuerpos caigan de la misma manera con independencia de su forma o composición se interpretaría de manera natural aceptando que siguen caminos prefijados sobre una geometría curva. Si viéramos a un conjunto de insectos caminando sobre una esfera (u otra superficie) de cristal totalmente transparente, pronto concluiríamos que sus desplazamientos responden a una propiedad geométrica del sustrato sobre el que se apoyan. El espacio-tiempo sería algo así, siendo las trayectorias en caída libre de las partículas las curvas geodésicas de esa geometría. De esta manera, el espacio-tiempo de Minkowski, que posee una estructura plana y rígida en la que los observadores inerciales siguen líneas rectas, es reemplazado por una geometría curva y dinámica, moldeable y cambiante, cuya forma viene determinada por la distribución de materia y energía en las diferentes regiones (e instantes) del universo y cuyas curvas «más rectas» (las geodésicas) describen el movimiento en caída libre de los cuerpos. La idealización Minkowskiana del espacio-tiempo ya no es válida en todas partes e instantes, sino que es una aproximación solamente válida en regiones (relativamente) pequeñas, en las que los efectos de la curvatura son imperceptibles. En regiones mayores, las trayectorias geodésicas (localmente inerciales) manifiestan de manera significativa la curvatura de la geometría, lo que causa modificaciones en el comportamiento de longitudes y tiempos. Esas correcciones son muy importantes en regiones de alta curvatura y llegan a ser especialmente dramáticas en la vecindad de objetos masivos y compactos como las estrellas de neutrones o los agujeros negros.

Los efectos de la curvatura del espacio-tiempo se manifiestan de formas diversas, aunque son especialmente llamativos en las trayectorias de los rayos de luz. La luz procedente de estrellas lejanas se desvía cuando pasa cerca de la superficie del Sol, haciendo que su posición aparente durante un eclipse no coincida con la que tienen cuando el Sol no está delante de ellas. Este efecto es mucho más intenso en las proximidades de un agujero negro. De hecho, los rayos de luz emitidos por la materia que orbita en torno a uno de estos objetos pueden dar varias vueltas a su alrededor antes de conseguir escapar. Las galaxias y los cúmulos de galaxias también aglomeran mucha masa y consiguen crear efectos de lente gravitatoria, permitiéndonos observar objetos muy lejanos que quedarían ocultos por la materia de la propia lente, generar varias imágenes de un mismo objeto o, incluso, arcos de luz, como cuando miramos a través del culo de una botella.

Esos efectos no son casos raros ni excepcionales, sino el día a día de la astronomía actual. Pero la curvatura generada por las distribuciones de materia no sólo afecta al espacio, también actúa sobre el tiempo. De hecho, para sincronizar relojes y poder comparar intervalos de tiempo, ya no nos basta con saber las velocidades relativas entre ellos, sino que también debemos conocer cómo se distribuye la materia en las regiones por las que transitan esos relojes. El tiempo en la superficie de la Tierra, por ejemplo, pasa más lento que en un satélite en órbita debido a que el campo gravitatorio es más débil allí. Sin tener en cuenta ese efecto, el sistema de posicionamiento global (GPS) no podría funcionar, pues iría acumulando errores que lo inutilizarían en pocas horas. Yendo a un caso extremo, un segundo en las proximidades de un agujero negro puede equivaler a mucho más tiempo para alguien lejos de él. Es algo a tener muy en cuenta si queremos hacer turismo de riesgo cerca de objetos astrofísicos compactos o si, simplemente, queremos interpretar correctamente las señales provenientes de estrellas de neutrones devoradas por agujeros negros.

Entonces, si en algún momento futuro conseguimos viajar por la galaxia y visitar otras estrellas o incluso aproximarnos a agujeros negros y constituir un imperio galáctico o intergaláctico, ¿cómo vamos a sincronizar nuestros relojes si las velocidades y la gravedad los desajustan? Bueno, para eso tenemos solución, pues cuando observamos el universo considerando volúmenes gigantes en los que las galaxias son como diminutas motas de polvo flotando en una habitación iluminada por la luz del sol, encontramos que la distribución de materia es muy aproximadamente la misma en todas partes y que, estadísticamente hablando, los cambios que se producen en esa distribución también son muy aproximadamente los mismos. Esto quiere decir que, observando el universo a gran escala, todos los observadores podemos ponernos de acuerdo en la sucesión de cambios que ocurren, por lo que podemos definir una especie de tiempo universal que nos sirva de referencia a todos.

La muestra más evidente de que esa forma de medir el tiempo es posible la encontramos en el fondo cósmico de microondas, un residuo fósil de radiación electromagnética generada en el universo primitivo y que muestra que la temperatura del universo es (muy aproximadamente) la misma en todas partes y en todas direcciones (universo homogéneo e isótropo) en cada instante. Esa temperatura sirve como reloj universal y nos muestra que en el pasado toda la materia del universo estuvo mucho más concentrada que hoy y en un estado muy caliente, como el interior de las estrellas. Gracias a esa luz podemos estimar la edad del universo en unos 13.800 millones de años. Entonces, ¿el tiempo tuvo un origen? La respuesta a si el tiempo tuvo un origen nos obliga a pensar un poco.

Lo importante a la hora de medir el tiempo no es definir dónde empieza, sino saber si podemos distinguir entre procesos sucesivos para poder ordenarlos secuencialmente. Ese ejercicio es el que nos obliga a atacar la cuestión fundamental de definir lo que es un reloj. Intuitivamente, la característica esencial de un reloj es que debe permitir etiquetar una secuencia de sucesos asignándoles un número creciente. Esto es así porque nunca hemos visto que el tiempo se pare o que vaya marcha atrás, sólo hacia adelante. En la práctica, establecemos una correspondencia entre los puntos de una recta y sucesos que se siguen unos a los otros. Matemáticamente esto define un espacio unidimensional, que se utiliza tanto en la física de Newton como en el espacio-tiempo de Minkowski. En el primer caso, el tiempo es totalmente independiente del espacio, mientras que en el segundo espacio y tiempo se entrelazan para preservar la universalidad de la velocidad de la luz. Ahora bien, si ese espacio unidimensional tiene una existencia en sí mismo o si es una idealización nuestra no es algo que podamos dilucidar con facilidad. De hecho, cuando medimos el tiempo no lo hacemos observando un ente platónico de referencia que muestra la evolución de las cosas, sino considerando la configuración de algún subsistema físico y usándola para comparar con las de otros sistemas. Galileo, por ejemplo, comparaba las posiciones de las masas que caían por sus planos inclinados con la cantidad de agua que se acumulaba en ciertos recipientes. De manera más general, usamos movimientos oscilatorios de referencia para definir la secuencia en la que ordenamos todo lo demás. Un reloj de cuarzo vibra con una frecuencia concreta cuando se le aplica una corriente eléctrica. Esas vibraciones son una versión microscópica de un reloj de péndulo.

Los relojes atómicos, por su parte, se basan en la frecuencia de excitación de determinados niveles de energía de los átomos, que definen así un estándar universal, pues todos los átomos de un mismo elemento son iguales. La frecuencia determina el número de ondas que pasan por un punto del espacio por unidad de tiempo, de manera que contando ondas podemos medir el tiempo (o bien, midiendo el tiempo podemos contar ondas). En función de lo que queramos medir, tendremos que utilizar un reloj (o subsistema de referencia) u otro, por lo que, en el fondo, la información relevante la estamos extrayendo de comparar unos subsistemas con otros. De hecho, si el tiempo de la dimensión temporal idealizada siguiera avanzando, pero los sistemas físicos permanecieran inalterados en una configuración dada, ese avance del tiempo no sería perceptible, pues nada cambiaría, nada envejecería, nada oscilaría para hacer tic-tac. La percepción del cambio, por tanto, es sólo posible por comparación de unos subsistemas con otros. Entonces, ¿cuál es la causa de ese cambio? ¿Qué obliga a que el cambio defina una dirección en la sucesión de eventos? Estas son cuestiones que continúan abiertas hoy en día. Seguir midiendo el tiempo con precisiones cada vez mayores y explorando los límites de la Física podría llevarnos a descubrimientos que, nuevamente, cambien nuestra forma de entender la naturaleza, el espacio y el tiempo. Y puede que, al final, encontrar respuestas sólo sea cuestión de tiempo.

HIC SUNT QUANTUM DRACONES

Iván Agulló

LLEGÓ MARZO AL CALENDARIO. Le acompañaba un sol primaveral que calentaba las mejillas de la joven Emmy durante su paseo por la orilla del mar, recordándole que los fríos días de invierno quedaban atrás. A sus tiernos nueve años aún extrañaba el bullicio veraniego en la playa. Aunque comenzaba a saborear la paz que desprende el mar en primavera. Era en esos momentos de tranquilidad donde su curiosa mente cobraba libertad, animándola a viajar por territorios hasta el momento desconocidos. Se preguntaba qué encontraría si pudiese nadar más allá del horizonte. Esa línea perfectamente definida mar adentro le parecía la frontera entre nuestro mundo y lo desconocido, un entorno fértil para las mentes más imaginativas.

No era consciente Emmy de que esa misma pregunta había sido tema de intensos debates durante siglos. En la Europa de la Edad Media, se extendió el convencimiento de que más allá del horizonte de las costas nórdicas se encontraba el fin del mundo. Un concepto suficientemente vago como para que cada individuo lo identificase con el mayor de sus temores. Allí terminaba el mundo tal y como se conocía, para dar paso a los oscuros abismos. Con esta idea en mente se bautizó un maravilloso municipio en las costas atlánticas gallegas con el nombre de Finisterre, motivado por la contundencia con la que su espectacular cabo apunta hacia el 'finis terrae', el fin de la Tierra.

Es costumbre del ser humano situar aquello que más teme o desea en lugares que en el momento cree inalcanzables, como el infierno o el paraíso. La creencia de que Finisterre era la misma puerta del abismo se extendió durante siglos. Todos conocemos cómo termina esta historia, empezando por los pensadores que no se dejaron convencer por leyendas carentes de evidencia, hasta los más atrevidos exploradores que, con distintas motivaciones, se embarcaron en busca de respuestas. Descubrieron así que más allá del horizonte de Finisterre les esperaban extensas maravillas que no habían alcanzado a imaginar, y que aquello que conocían hasta el momento era apenas una pequeña porción de la verdadera extensión del Mundo.

Los libros de historia nos educan sobre peripecias y errores de nuestros antepasados, las cuales nos equipan con lecciones de utilidad para el futuro. El tema principal de este capítulo tiene serias similitudes con la historia de Finisterre y el fin del Mundo, reemplazando extensión espacial por temporal, como discutimos a continuación.

La cosmología actual —la rama de la física que estudia el comportamiento holístico o global del Universo— debate una pregunta verdaderamente fundamental: ¿tuvo nuestro universo un origen en el tiempo? O, por el contrario, ¿ha existido por siempre? Esta no es en absoluto una pregunta nueva, pues ha sido discutida por todas las civilizaciones avanzadas. Por ejemplo, los pensadores griegos, en particular Aristóteles, argumentaban que el Cosmos debía haber existido por siempre, basados en el argumento que no debería ser posible crear cosas desde la nada —argumento que la física cuántica nos ha enseñado no ser del todo cierto. El filósofo Immanuel Kant fue también defensor de la eternidad del Universo, basado en una mezcla de argumentos filosóficos y religiosos. En particular, argumentaba que, si el Universo tuviese un origen, cabría preguntarse qué existió antes, y por qué lo que llamamos Cosmos se creó en un determinado instante y no en otro.

La cosmología moderna aborda esta cuestión desde el método científico, utilizando el rigor y neutralidad que este conlleva. El ingrediente que distingue a la ciencia es el contraste de las ideas teóricas con las observaciones. Es precisamente la ingente cantidad de datos extraídos de observaciones precisas del universo aquello que distingue la cosmología moderna de las antiguas discusiones metafísicas.

El marco teórico actual es el llamado «Modelo Estándar de la Cosmología», el cual descansa sobre la teoría de la Relatividad General formulada por Albert Einstein. Ambos, la teoría de Einstein y el Modelo Estándar, se discuten en detalle en otros capítulos en este volumen y, por tanto, no repetiré aquí sus detalles. Conviene, sin embargo, recordar un aspecto fundamental para la discusión que nos concierne. El universo actual está en expansión, y tanto el Modelo Estándar como las observaciones muestran de forma inequívoca que esta expansión ha estado vigente durante los últimos miles de millones de años. Debemos recordar que la forma en la que estudiamos el universo es haciendo «retrospección hacía el pasado». Es decir, vemos cómo es el universo en el presente y evolucionamos esa configuración hacia atrás en el tiempo usando las ecuaciones del Modelo Estándar, para así entender cómo fue en etapas más tempranas. Las conclusiones alcanzadas hasta el momento son fascinantes: el universo fue más denso y caliente en el pasado, y más cuanto más atrás nos remontemos en el tiempo. Hasta el punto que, hace aproximadamente 13 800 millones de años, la porción del Cosmos que hemos sido capaces de observar con nuestros telescopios ocupaba entonces un volumen arbitrariamente cercano a cero y tanto la densidad de energía como la intensidad del campo gravitatorio asociado a ellas, alcanzaron valores arbitrariamente grandes.

A tal instante se le conoce como el nombre de «singularidad inicial» o «singularidad del Big Bang». En concreto, la palabra «singularidad» hace referencia a la acepción matemática de objeto que se torna infinito o deja de estar bien definido, en este caso la densidad de energía, la propia geometría del universo y las ecuaciones que usamos para describir su evolución. La teoría de la Relatividad General de Einstein y el Modelo Estándar dejan de tener sentido matemático en ese instante y, consecuentemente, no permiten continuar la evolución hacia el pasado. Para esta teoría, el Big Bang es una frontera temporal infranqueable.

Este resultado matemático es muchas veces interpretado como que la Relatividad General y el Modelo Estándar predicen que el universo se originó en aquel instante. Según esta interpretación, el Big Bang sería el comienzo de la historia presente del Cosmos y no cabe preguntarse qué ocurrió antes, pues el concepto mismo de tiempo no existe más allá del Big Bang. Como describimos a continuación, esta interpretación es injustificada.

La Relatividad General ha demostrado ser espectacularmente correcta para describir la mayoría del Cosmos. Pero tiene una carencia importante, que, desde los primeros días de su existencia, dejó claro que no es una teoría completa: la Relatividad General no incorpora los principios de la Física Cuántica. Esto no es un problema cuando este marco teórico se aplica al Cosmos actual y los astros, pues tales objetos son suficientemente grandes como para que los aspectos cuánticos, relevantes normalmente a distancias extremadamente pequeñas, sean completamente despreciables –por la misma razón que no experimentamos aspectos cuánticos en nuestra vida cotidiana; tales efectos están ahí, pero son imperceptiblemente débiles. En el caso del Cosmos, existen dos excepciones, precisamente en aquellos lugares donde la densidad de materia y energía alcanza valores extraordinariamente grandes; esto ocurre en el centro de los agujeros negros y también en los instantes cercanos al Big Bang. Es de esperar que los efectos cuánticos de la materia y de la propia gravedad sean, no solo importantes, sino cruciales en estos escenarios extremos. No debemos, por tanto, confiar en lo que la Relatividad General nos dicta sobre la física en estas circunstancias. Desde esta perspectiva, la singularidad del Big Bang no debe entenderse como una predicción, sino como un grito de desesperación de la Relatividad General, que nos avisa de que la hemos sacado de su régimen de validez.

Este hecho fue enfatizado por los mismos padres de esta teoría. G. Lemaître, pionero del Modelo Cosmológico Estándar, afirmó que la singularidad del Big Bang es un artificio matemático que carece de significado físico. El propio Einstein escribió en 1945 «No podemos presuponer la validez de las ecuaciones [de la Relatividad General] para altas densidades de materia y campos, y no es posible concluir que el comienzo de la expansión debe significar una singularidad en su sentido matemático».

La singularidad del Big Bang es, por tanto, nuestro Finisterre cósmico. Las leyendas afirman que es la frontera (en el tiempo) de nuestro universo, y que nada ha podido existir con anterioridad. Pero tales leyendas están basadas en una extrapolación injustificada de la teoría de Einstein. No podemos confiar en esta teoría en aquellas condiciones extremas y no podemos utilizarla para apoyar o refutar ideas sobre el origen del Cosmos. Tales preguntas escapan a la capacidad de la Relatividad General y, si queremos responderlas, hemos de ir más allá del legado del genio alemán e involucrar los principios de la Física Cuántica. Este es el campo de la Gravedad Cuántica.

La formulación de una teoría de gravedad cuántica que conjugue de forma consistente la Relatividad General y la Mecánica Cuántica, sigue siendo uno de los grandes problemas por resolver en la física teórica. Existen diversas candidatas. Las más desarrolladas son la Teoría de Cuerdas y la Gravedad Cuántica de Lazos; aunque, a día de hoy, ninguna de estas propuestas se puede considerar completa.

Sin embargo, las ideas existentes son lo suficientemente maduras como para poder extraer ciertas predicciones de ellas, las cuales, una vez contrastadas con observaciones, podrían ayudar a mejorar la teoría misma. Resumo aquí algunas de las ideas que más atención han recibido en los últimos años.

Una idea ampliamente discutida es la llamada «propuesta de no frontera», formulada por Stephen Hawking y James Hartle. De forma resumida, constituye una versión cuántica de la idea del origen del Universo, pero de una forma sutil y elegante. Hawking y Hartle argumentan que, cuánticamente, es posible que el concepto de tiempo desaparezca de forma paulatina a medida que rebobinamos hacia atrás la historia del Cosmos. El universo podría tener una existencia finita, pero sin la necesidad de una frontera en el tiempo, de forma similar a como la superficie de la tierra es finita pero sin frontera. Estás ideas necesitan de la Mecánica Cuántica y no son posibles en la Relatividad General de Einstein, donde el espacio y el tiempo parecen «romperse» de forma abrupta en el Big Bang. Pero la propuesta de Hawking y Hartle está basada en ciertas suposiciones y aproximaciones. De hecho, recientemente los físicos Neil Turok y Jean-Luc Lehners han afirmado que un estudio más detallado muestra que la propuesta de no frontera en realidad produce un universo muy diferente al que observamos y no es, por tanto, un candidato viable para explicar lo que nos rodea. La viabilidad de esta propuesta es, entonces, un tema activo de debate.

La Gravedad Cuántica de Lazos propone una forma concreta y precisa de extender la teoría de Einstein al régimen cuántico. Las características de su formulación matemática (basadas en conceptos técnicos conocidos como «cuantización independiente del fondo» y «no perturbativa»), la hacen apropiada para describir el universo temprano. Esta teoría predice algo sorprendente. Nos dice que, cuando se lleva la intensidad de la gravedad a límites extremos, los efectos cuánticos crecen y acaban dominando la evolución. Esto es esperable. Lo sorprendente es que, según esta teoría, los efectos cuánticos producen un efecto de repulsión en la gravedad. Estos hacen que la evolución del Cosmos, vista hacia atrás en el tiempo, no pueda alcanzar la singularidad del Big Bang. Por el contrario, el universo deja de contraerse en su evolución hacia el pasado y «rebota», dando lugar a una expansión. Si describimos ahora esta evolución desde el pasado al futuro, esta teoría nos dice que el universo no ha estado expandiéndose desde siempre. En el pasado se contraía, y lo hizo hasta que la densidad de materia y energía fue lo suficientemente grande como para «despertar» los aspectos cuánticos de la gravedad. Estos causaron un efecto repulsivo que consiguió frenar la contracción y convertirla en una expansión. De modo que, en esta teoría, la gran explosión (Big Bang) se reemplaza por un gran rebote (en inglés, Big Bounce).

Los científicos responsables de estas ideas deben recordarnos a los pensadores europeos que imaginaron por primera vez tierra más allá del horizonte de Finisterre. En este marco teórico, el Big Bang no es una frontera infranqueable y el Cosmos es mucho más extenso (en el tiempo) de lo que la Relatividad General indica. De hecho, la cosmología cuántica de lazos sugiere que el universo no tuvo un comienzo.

La idea de un rebote cósmico ha aparecido también en otras propuestas de gravedad cuántica, como en la Teoría de Cuerdas, según los físicos italianos Maurizio Gasperini y Gabriele Veneziano —aunque otras propuestas dentro de esta misma teoría no contemplan un rebote, y apuntan a que el Big Bang existió y fue el resultado de la colisión de dos «branas», objetos de más dimensiones en los que nuestro universo se encuentra inmerso. En ambos casos, el universo en su totalidad no se creó en el Big Bang.

Existen otras propuestas de gran interés, como la idea del «Universo Emergente», donde el Cosmos primordial se encontraba en una fase estática sin expansión, y los efectos cuánticos provocaron una transición a una fase expansiva. Todas estas ideas son fascinantes y requieren de un tratado más extenso para ser discutidas con justicia.

Lo que diferencia la cosmología moderna de elucubraciones pasadas es la búsqueda incesante de datos experimentales capaces de poner orden en nuestro conocimiento. La ciencia actual es colectiva. Está guiada por grandes colaboraciones, donde científicas y científicos de diversos orígenes y culturas aúnan fuerzas para observar el Cosmos con precisión exquisita. Opino que el Cosmos nos brinda una oportunidad única para aprender sobre la naturaleza fundamental del espacio y el tiempo, incluidos sus aspectos cuánticos. Las evidencias han de estar ahí fuera; sólo necesitamos encontrarlas. Yo mismo he dedicado gran parte de mi actividad investigadora a idear qué tipo de observaciones nos pueden informar sobre la historia remota del Cosmos y, en particular, sobre la existencia o ausencia de un origen cósmico. Es fascinante pensar que la respuesta al origen del Cosmos pueda ser respondida por nuestros telescopios.

Nos queda mucho por aprender, pero el futuro es prometedor. La joven Emmy no se imagina en su paseo matinal que las aventuras más fascinantes de la humanidad están aún por escribir; hazañas más grandiosas incluso que el descubrimiento de la esfericidad de la tierra, pues se refieren al Cosmos en su totalidad. Tales aventuras no necesitan grandes galeones armados con cañones, sino mentes jóvenes y despiertas como la suya, capaces de unir fuerzas con el objetivo noble y altruista de entender el mundo que nos rodea.

EL AGUJERO NEGRO ES UN LADRÓN QUE ME HA ROBADO TODO

Leonardo Fernández Jambrina

IMAGINA QUE ESTÁS NAVEGANDO en un río y quieres remontar la corriente. Se me pasa por la mente la película Niágara, de 1959, con Marilyn Monroe y Joseph Cotten. Si no recuerdo mal, en el río está marcada una zona de seguridad, más allá de la cual no se puede vencer a la corriente (con consecuencias desastrosas, pero no voy a hacer *spoiler*). Podéis argumentar que la tecnología mejora y que tras sesenta años seguramente habrá barcos más potentes. Es cierto, ¡concedido! Pero, ¿y si hubiera una velocidad máxima que no se pudiera superar?

Hoy día sabemos que ese límite de velocidad existe y es el de la velocidad de la luz en el vacío, 299 792,458 kilómetros por segundo. Esto no se supo hasta el siglo XX, pero la magnitud es tan astronómica, ¡nunca mejor dicho!, que durante mucho tiempo se pensó que podría ser infinita hasta que el astrónomo danés Ole Rømer la midió por primera vez en

1676, observando los eclipses de la luna Io al ocultarse detrás de Júpiter.

Por entonces no se sabía que la velocidad de la luz es el límite de velocidad impuesto por la teoría de la Relatividad Especial (recomiendo ver el capítulo de la serie Cosmos, de Carl Sagan en el que se especula cómo sería la vida en la tranquila ciudad de Vinci si dicha velocidad fuera de una escala más humana, por ejemplo, la que se puede alcanzar con una motocicleta…). Sin embargo, es razonable pensar que a alguien se le ocurriera plantear la hipótesis de un objeto que pudiera alcanzar a los rayos de luz.

Pero, ¡alto!, ¡si la luz es una onda! Cierto, durante la Edad Moderna hubo cierta controversia acerca de la naturaleza del fenómeno. Es verdad que científicos como Christiaan Huygens abogaban por que la luz fuese una onda viajando por el espacio, como las olas sobre la superficie del mar. Experimentos de difracción como el de Thomas Young apoyaban esta teoría. Si bien otro tipo de fenómenos, como la refracción y descomposición de la luz blanca en los colores del arco iris al pasar por un prisma de cristal sugerían por contra que la luz está compuesta por partículas microscópicas. Sabemos que la polémica no se zanjó hasta el siglo XX con la tesis de Louis de Broglie, pero ya he advertido que no es mi intención desvelar secretos antes de tiempo.

Por ello, si pensamos por una vez en la luz como formada por partículas, susceptibles de ser atraídas por la fuerza de la gravedad, no es extraño pensar que a astrónomos como John Michell o Pierre-Simon Laplace se les pasara por la cabeza aventurar la posibilidad de objetos tan masivos que ni siquiera la luz pudiera escapar de ellos. Michell llegó a adjudicarles *avant la lettre* el poético nombre de 'estrellas oscuras'.

La clave está en el concepto de velocidad de escape de un planeta o de una estrella, que no es más que la velocidad mínima que tenemos que adquirir para escapar de la atracción gravitatoria de dicho objeto y alejarnos indefinidamente de él. En el caso de nuestra Tierra, la mecánica y la práctica balística y aeronáutica certifican que dicha velocidad es de 11,2 km/s en la superficie. Y sabemos, a fuerza de oírlo repetidas veces, que en la superficie de la Luna la aceleración de la gravedad es aproximadamente seis veces menor. De ahí los saltos prodigiosos de los astronautas, a pesar de su pesada impedimenta. Esto, unido a la diferencia de tamaño de los dos astros, lleva a que la velocidad de escape en la Luna sea de 2,4 km/s, lo que permite a los cohetes poder despegar con un gasto energético menor al correspondiente a la superficie de la Tierra.

Si, por el contrario, pensamos en un objeto tan masivo y tan pequeño que su velocidad de escape fuese igual a la de la luz, ni siquiera esta podría abandonar su superficie.

Pero, todavía lo podemos ver de otra manera: imaginemos que tenemos una estrella con una masa dada. ¿Cuál sería el radio de la estrella por debajo del cual la luz no podría escapar de ella? La cuenta es sencilla en Mecánica Newtoniana y se traslada a la Teoría de la Relatividad General de Einstein: dicho radio, que llamaremos radio de Schwarzschild, es mayor cuanto mayor es la masa de la estrella, sólo que multiplicada por un factor muy pequeño, que hace que dicho radio sea de 9 mm para la Tierra o 3 km para nuestro Sol.

Dicho todo esto, definimos un agujero negro como un objeto tan denso que ni siquiera la luz puede escapar a su atracción. El radio de Schwarzschild determina, en el caso de un agujero de forma esférica, la superficie más allá de la cual no podemos escapar a su atracción, a la que se denomina 'horizonte de sucesos'.

El caso de Karl Schwarzschild es curioso. Trabajaba como científico en el Observatorio Astronómico de Potsdam y se alistó voluntario en el ejército alemán durante la Primera Guerra Mundial. Los artículos que le hicieron mundialmente conocido fueron escritos desde el frente ruso. Murió de una enfermedad de la piel poco después, en 1916. En ellos describe la atracción gravitatoria de una estrella esférica, pero se aplicaron posteriormente a agujeros negros de forma esférica.

En aquel momento la existencia de agujeros negros era tan solo una especulación teórica. Si la luz no escapa de los agujeros negros, ¿cómo los podemos ver? Hasta la fecha, solo se los podía sugerir de manera indirecta por su atracción gravitatoria en sistemas estelares binarios o por la radiación emitida por la materia al caer en ellos. Se estimaba que los agujeros negros se formaban en estrellas que habían consumido todo su combustible y quedaban a merced tan solo de su atracción gravitatoria, colapsando sobre sí mismas hasta reducir su radio por debajo del radio de Schwarzschild. El primer agujero negro identificado como tal por los astrofísicos fue Cygnus X-1, descubierto en 1965 y confirmado posteriormente. En 1992 Jorge Casares, Phil Charles y Tim Taylor descubrieron un objeto invisible, V404 Cygni, con una masa doce veces mayor que la del Sol, que fue el primer agujero negro medido con paralaje preciso, por su proximidad al sistema solar. Por encima de 5 masas solares se estima que estos objetos tienen que ser agujeros negros. Desde entonces se han descubierto muchos más, incluidos los situados en el centro de las galaxias. La novedad en 2022 fue que por primera vez se fotografió uno, en concreto el que ocupa el centro de nuestra galaxia, Sagitario A*, de varios millones de masas solares. En realidad se trata de una recreación a partir de la radiación emitida por la materia atrapada por el agujero.

Aunque durante setenta y cinco años los agujeros negros hayan permanecido 'invisibles' a nuestras observaciones, llegado el momento se conocían buena parte de sus atributos. Dos de los más conocidos, no obstante, hacen referencia más a la intensidad de la atracción gravitatoria de un agujero negro que al mero hecho de serlo.

Lo vimos en la película *Interstellar* o en la canción '39 de Queen (escrita por Brian May, doctor en astrofísica): acercarse a un agujero negro supone despedirte de tu familia conocida, porque no la volverás a ver. Aun en el caso de que sobrevivas, cuando vuelvas a visitarlos, hará tiempo que habrán fallecido. Esto es así, porque en las proximidades de un campo gravitatorio intenso, el tiempo transcurre más despacio. Así, nuestros familiares verían que nuestros movimientos son cada vez más lentos, mientras que su reloj seguiría corriendo con normalidad.

También es conocido que la atracción gravitatoria debida a un agujero negro es tan intensa, que un viajero incauto que se acercara con los pies por delante (nunca mejor dicho), notaría que sus extremidades sienten una atracción más fuerte que su cabeza, lo que le provocaría un molesto estiramiento. En el caso de un agujero negro de unas pocas masas solares, esto sucedería incluso antes de cruzar el punto de no retorno, el horizonte de sucesos.

Como vemos, la fuerza de la gravedad nos hace más altos y más jóvenes. ¡Los fabricantes de productos de belleza no han caído en la cuenta todavía!

Más específicamente de los agujeros negros, los trabajos del fallecido Stephen Hawking dejaban escaso espacio a la libertad. El horizonte de sucesos de un agujero negro tiene que ser de forma parecida a una esfera. Es decir, no son posibles, al menos en nuestra dimensión, agujeros negros con forma de dónut.

También esa ausencia de libertad se manifiesta de manera muy pictórica en la afirmación de que los agujeros negros no tienen «pelo». Este chascarrillo simplemente expresa el hecho de que los agujeros negros se pueden describir mediante solo tres propiedades: su masa, su carga eléctrica y su velocidad de rotación. Esto fue demostrado, bajo ciertas condiciones, por Werner Israel, Brandon Carter, Stephen Hawking y David Robinson en los años setenta.

Otra característica interesante de los agujeros negros es que tienen su propia termodinámica: están dotados de una temperatura y una entropía. La motivación es sencilla. Si los agujeros negros sólo mantienen tres atributos, las propiedades de toda la materia que atrapan se pierden.

En particular, pensemos en la entropía, que no es más que una medida del desorden de un sistema. De acuerdo con el segundo principio de la termodinámica, la entropía de un sistema aislado no puede disminuir. Sin embargo, se da la paradoja de que la entropía de la materia y de la radiación atrapada por un agujero negro parece desaparecer. De alguna manera, los agujeros negros deberían tener su entropía.

Esta paradoja fue resuelta por Jacob Bekenstein al proponer que la entropía de un agujero negro está asociada al área de su horizonte de sucesos. Como dicha área aumenta a medida que el agujero negro crece por la materia y la radiación que atrapa, la entropía del agujero negro no podría decrecer.

Y no acaba ahí la cosa, si un agujero negro tiene entropía, tendría también que tener su temperatura. En este caso, este concepto está relacionado con la fuerza de la gravedad en el horizonte de sucesos. Pero, si tiene una temperatura, debería emitir algún tipo de radiación térmica. Esto ya no sería un fenómeno clásico, ya que involucra la constante de Planck, por lo que nos acercamos peligrosamente al terreno desconocido de una teoría cuántica de la gravitación, de la cual no disponemos, desgraciadamente, a fecha de hoy.

Que no tengamos una teoría cuántica no quiere decir que estemos atados de pies y manos. Hay cálculos que se pueden hacer como correcciones cuánticas a la teoría clásica. Y este es uno de ellos.

Por ejemplo, podemos preguntarnos por qué no detectamos la radiación de los agujeros negros. Como podemos calcular su temperatura, observamos que la temperatura de un agujero negro de la masa del Sol sería de 60×10^{-9} kelvin. Como nuestro universo está bañado por la radiación de fondo a una temperatura de 2,7 kelvin, estos agujeros negros están considerablemente más fríos y absorben más radiación de la que emiten.

Tenemos que pensar en agujeros negros de otras masas. Intuitivamente, podríamos pensar que los agujeros más grandes, como el ubicado en el centro de la galaxia, serían más calientes, pero es justo lo contrario. ¡La temperatura de un agujero negro decrece con su masa! Por ello, debemos buscar entre los agujeros negros de masa inferior a la de la Luna. Pero, ¡para un momento!, ¡si nos acabas de decir que no deberían formarse a partir de estrellas agujeros negros de masas inferiores a cinco veces la del Sol! La clave está en que no debemos buscar en agujeros negros formados por colapso de estrellas moribundas.

Del mismo modo que la temperatura de un agujero negro decrece con su masa, la potencia de la energía que emite decrece con el cuadrado de su masa. Es decir, también son los agujeros negros más ligeros los que más radiación emiten por unidad de tiempo y, por tanto, los principales candidatos a ser detectados por sus emisiones.

Pero, si no deberían existir agujeros negros de origen astrofísico con masas tan pequeñas, ¿dónde debemos buscar? Existe la posibilidad de que se formaran agujeros negros 'ligeros' en torno al origen del universo en el Big Bang. Por ello, podríamos pensar en agujeros negros con masas parecidas a la de una montaña (10^{11} kg) que podrían estar acabando su vida ahora con poderosas emisiones de radiación.

La existencia de dichos agujeros negros es una conjetura, pero si existieran, serían los candidatos para detectar su radiación.

Y más cosas que se me quedan en el tintero, o, mejor, en el interior de un agujero negro.

POR EL BOULEVARD
DE LOS AGUJEROS NEGROS MIMÉTICOS

Carlos Barceló

E L UNIVERSO ESTÁ repleto de gas, polvo y objetos celestes de muchos tipos. Todo agregado en galaxias y cúmulos de galaxias. Entre la plétora de tipos de objetos conocidos destacan unos muy oscuros y de gran «compacidad» –regiones cuyo radio promedio se acerca a un valor crítico conocido como radio gravitacional (una simple fórmula lo define $R_g = 2GM/c^2$ donde G es la constante de Newton, M la masa del objeto y c la velocidad de la luz).

La teoría gravitatoria estándar, la Relatividad General, nos dice que cualquier objeto con radio menor a este está sentenciado a ser un agujero negro. Desde un punto de vista teórico, un agujero negro formado tras un colapso estelar es una acumulación de materia que genera a su alrededor un campo gravitatorio con forma de esfera (o elipsoide achatado si está rotando). La región que circunda a esa concentración de masa está esencialmente vacía y desde su interior no podemos recibir ninguna señal; ni tan siquiera la luz escapa a la fuerte atracción gravitatoria que ejerce la masa emboscada en el interior.

En la práctica diaria, los astrofísicos, divulgadores y periodistas usan el nombre agujero negro para designar a cualquier objeto celeste real con una compacidad cercana a la crítica y al cual no se le haya detectado una superficie definida. Esta práctica soslaya la necesidad de usar el adjetivo 'presunto' como parte de la descripción del objeto. Es como quitar el 'presunto' de 'presunto delincuente', una práctica también desafortunadamente habitual. En realidad, no sabemos si estos objetos oscuros y compactos que observamos son agujeros negros en su sentido teórico.

Para saber qué son realmente estos presuntos agujeros negros necesitamos, por una parte, hacer estudios teóricos sobre qué propiedades pueden tener tanto las versiones estrictas avaladas por la Relatividad General como otros objetos que pudieran estar suplantándolos. Por otra parte, como siempre con la naturaleza, lo más determinante para su comprensión sería explorarlos de cerca. Pero es precisamente en el término 'de cerca' donde tenemos un problema. Una ciencia observacional como la astrofísica, aun reconociendo sus espectaculares descubrimientos y su capacidad empírica, tiene una clara desventaja con respecto a las ciencias experimentales. Por el momento no podemos acercarnos a ningún presunto agujero negro y examinarlo de arriba a abajo como hemos hecho con la superficie de la Tierra y comenzamos a hacer con algunos planetas cercanos. ¡No podemos realizar trabajo de laboratorio con agujeros negros! ¿O sí?

Había que hacer algo para cambiar o al menos aliviar la situación –si algo caracteriza a la ciencia y a los investigadores es su impaciencia. Un puñado de aguerridos científicos (nombres como William Unruh, Ted Jacobson, Grigory Volovik o Matt Visser) propusieron diseñar maquetas de agujeros negros que pudieran estudiarse en un laboratorio. Son agujeros negros análogos, donde una parte del sistema hace el papel de materia o luz sometida a la gravedad, y el papel de la gravedad es interpretado por distintos medios materiales que pueden arrastrar consigo a la materia. El ejemplo más sencillo son los agujeros negros análogos construidos con fluidos. Un fluido que discurre hacia un sumidero central genera una frontera circular en la que el flujo se hace supersónico. Esta superficie es el análogo a un horizonte: ninguna señal acústica generada en su interior es capaz de remontar la corriente –por este motivo a estos sistemas se les llama a veces agujeros mudos.

El lector podría pensar, ¡pero estos no son agujeros negros reales!, ¡estudiarlos no nos va a decir nada sobre los agujeros negros que existen en el universo! En mi opinión, la conclusión que hay que sacar es mucho más sutil y matizada. Decimos que tenemos una analogía porque algunas de las ecuaciones con las que describimos nuestro modelo de agujero negro son equivalentes a las ecuaciones que describen nuestro agujero negro análogo en un régimen y escala determinados. Por escala me refiero a algo así como los aumentos que tienen los instrumentos con los que observamos el sistema. También aclaro que he usado la terminología 'modelo de agujero negro' porque nunca hay que olvidar que las ecuaciones deducidas para describir agujeros negros representan también un modelo; solo la observación y la experimentación con los objetos reales puede decirnos cuán buena es esa descripción y el régimen en el que es válida. Por ejemplo, en este momento, desde un punto de vista exclusivamente observacional, son igual de buenos el modelo más extendido de agujero negro y algunos modelos de estrellas ultracompactas (es decir, con radios cercanos a su radio gravitacional). Pues bien, si lo único que hiciéramos fueran análisis matemáticos, analíticos o numéricos de las ecuaciones que describen el régimen y escala en el que se produce una equivalencia perfecta, el estudio de los agujeros negros análogos no aportaría nada nuevo.

Sin embargo, lo interesante surge cuando se analiza el comportamiento del sistema análogo al atravesar los límites del régimen y la escala donde se produce la analogía perfecta. Existen fuertes argumentos para creer que la Relatividad General también es una aproximación, apropiada en un régimen y una escala determinada, a otra teoría de un nivel de profundidad mayor (parecido a cómo la mecánica de fluidos tiene por debajo una descripción en términos de moléculas, o a cómo la óptica física subyace a la óptica geométrica).

El problema es que no sabemos cómo es esta teoría. Solamente podemos usar razonamientos hipotético-deductivos sobre diferentes posibilidades. En este contexto, los modelos análogos nos proporcionan ejemplos concretos y reproducibles experimentalmente donde una física de tipo Relatividad General adquiere nuevos matices al salirse de su zona de validez o confort. Analizar y experimentar con sistemas análogos en estos regímenes nos permite sondear la robustez y verosimilitud del modelo de agujero negro. En física teórica se utilizan a menudo diferentes conceptos de naturalidad o verosimilitud como guía heurística en el camino hacia nuevas teorías. Es aquí donde reside la fortaleza e interés principal de los modelos análogos desde la perspectiva de la gravedad.

El ejemplo más paradigmático de uso de dichos modelos es el estudio de la emisión de radiación por parte de un agujero negro. Stephen Hawking hizo en 1974 un descubrimiento teórico asombroso. El modelo clásico de agujero negro lo presenta como un cuerpo inerte que solamente puede absorber materia y radiación; nada puede salir de él. Sin embargo, analizando la distorsión universal que la presencia de un horizonte debería causar en las fluctuaciones cuánticas que tienen lugar en el espacio vacío, Hawking se dio cuenta de que un agujero negro debería emitir radiación, como si de un cuerpo caliente se tratara.

Tal como lo describió, es un fenómeno que depende exclusivamente de la presencia de un horizonte, por lo que los agujeros negros análogos también deberían emitir radiación. Sin embargo, la conclusión de Hawking tiene un elemento nada habitual en física: la emisión o no de radiación parece depender crucialmente de la física a ultra-altas energías, es decir, de cómo sea la física que rija el siguiente nivel de profundidad, una física de la que poco o nada sabemos. En principio, si hubiera cambios en este comportamiento podrían hacer desaparecer completamente el efecto. De esta forma el resultado de Hawking parecía al principio poco fiable. De hecho, es interesante recordar que los grandes físicos rusos Jacob Zeldovich y Alexei Starobinsky habían llevado a cabo un análisis similar al de Hawking meses antes; fueron conscientes inmediatamente del problema de robustez que tenía, lo que los hizo desistir de publicar el resultado que poco después haría famoso a Hawking.

Pero entonces ¿es el fenómeno de Hawking robusto o no? Pues nada mejor que analizarlo desde el punto de vista de diferentes modelos análogos. Cada uno de ellos tiene una física de altas energías diferente por lo que podría darse el caso, por ejemplo, de que unos horizontes análogos generasen radiación y otros no. Después de diversos análisis durante años podemos decir en la actualidad que el resultado de estas investigaciones es que la radiación de Hawking es muy difícil de eliminar. Se materializa de formas distintas en diferentes sistemas, pero siempre acaba apareciendo en sistemas con horizontes. La mayor parte de estos análisis han sido teóricos, pero también ha habido resultados experimentales espectaculares. El grupo de Jeff Steinhauer en Haifa, Israel, ha conseguido medir cómo se emite radiación de Hawking (en forma de ondas acústicas) al generar un horizonte acústico en un condensado de Bose-Einstein (CBE).

Por la mecánica cuántica sabemos que las partículas elementales no son entidades perfectamente localizadas sino más bien nubes difuminadas con un tamaño característico. Pues bien, un CBE es un gas formado por muchas partículas o átomos enfriado hasta tal extremo que todos se empaquetan dentro de este volumen de difuminación cuántica. Cuando esto sucede, el gas se comporta de formas muy distintas a como lo hace un gas clásico. El experimento de Steinhauer es muy ingenioso. Se hace caer el gas cuántico por una cascada hasta conseguir que viaje a una velocidad superior a la velocidad de las oscilaciones de densidad y presión del propio condensado, es decir, la velocidad del sonido en el condensado. Se genera así un horizonte acústico. Lo impresionante es que se observa que la generación de este horizonte conlleva la aparición de unas tenues ondas acústicas que se alejan del horizonte en pares correlacionados: una ondulación se adentra en la zona supersónica y otra en la zona subsónica; esta última es el análogo de la radiación de Hawking. La detección de radiación de Hawking en un

CBE es posible por la baja temperatura a la que están (¡tan solo unos nanokelvin sobre el cero absoluto!). A diferencia de los agujeros negros estelares, la temperatura asociada a la radiación de Hawking en estos sistemas es del mismo orden que su temperatura ambiente por lo que puede apreciarse. Lo que prueba este experimento es que la estructura de átomos subyacente al CBE no hace mella en la aparición de radiación de Hawking: ¡siempre encuentra la forma de surgir! Este y otros muchos análisis sugieren con gran fuerza que una vez un horizonte de larga duración se establece en un sistema, la aparición de radiación de tipo Hawking es genérica. La comunidad científica está satisfecha con el procedimiento lógico-deductivo usado y con el resultado encontrado en este proyecto científico. Sin embargo, la comunidad todavía no ha apreciado lo suficiente otra conclusión que puede obtenerse siguiendo una lógica paralela a la anterior: la presencia de horizontes de larga duración, prerrequisito para tener que preocuparse por la radiación de Hawking, no es un rasgo robusto de las teorías físicas. Quiero dejar claro que esta última tesis no forma parte ahora mismo del consenso científico (no sería difícil encontrar científicos que intentasen rebatirla, si en primer lugar le prestasen atención). Pero me parece una forma provocadora y estimulante de terminar estas breves líneas. En Relatividad General estándar, si la materia tiene energía positiva, y se cumple una condición técnica sobre la causalidad del espacio-tiempo en la que no vamos a entrar, entonces, una vez que se forma un horizonte, en su interior se forma inevitablemente una singularidad (por este resultado se concedió en 2020 el Premio Nobel de Física a Sir Roger Penrose). Si la velocidad de la luz, como un límite a la propagación de señales, es solo un rasgo emergente de un sistema subyacente cuando se lo analiza en un régimen de bajas energías (es decir, a nivel macroscópico o promedio), en el mismo sentido que lo es la velocidad del sonido en análogos acústicos, entonces, el sistema subyacente podría tener canales de comunicación de mayor velocidad a nivel microscópico.

Como consecuencia, de la presencia de horizontes efectivos a bajas energías no se deduce la presencia genérica de singularidades en su interior. Más aún, con un interior regular y la posibilidad de enviar señales desde el interior del horizonte hacia el exterior utilizando estos canales de alta energía, la formación de un horizonte provocaría de forma genérica la aparición de enormes inestabilidades en el sistema dinámico (es como generar una caja de resonancia), que a su vez intentarían eliminarlo con la mayor rapidez posible. En el empeño de mimetizar la gravedad en un laboratorio yo personalmente he llegado a la sospecha de que los presuntos agujeros negros que observamos quizá no lo sean en un sentido estricto. Algún día nuestra imparable exploración de la naturaleza nos dará la respuesta.

A TRAVÉS DEL AGUJERO DE GUSANO Y LO QUE ENCONTRARON ALLÍ

Diego RUBIERA GARCÍA

DENTRO DEL BESTIARIO «de criaturas fantásticas» que ha producido la interacción entre la ciencia y la ficción, quizás sean los agujeros de gusano los que generen mayor fascinación entre el público (y también entre algunos científicos). En la película *Interstellar*, el intrépido explorador Cooper y el resto de la tripulación a bordo de la Endurance utilizan una de estas criaturas para recorrer millones de años luz en unos pocos minutos y aparecer al otro lado de la galaxia. Antes de eso, Romilly, el físico de la misión, le ha explicado a Cooper cómo un agujero de gusano funciona plegando el espacio-tiempo sobre sí mismo para permitir tomar una ruta alternativa por una dimensión adicional, y así acortar enormemente las distancias. Más tarde en la película aparece un agujero negro supermasivo, «Gargantúa», que se usa para ilustrar el concepto de la «singularidad» y las aún más atrevidas posibilidades (¿fantasías?) que los agujeros negros y de gusano esconden en su intimidad.

Recursos y diálogos de este estilo han sido utilizados de forma recurrente en las artes y la divulgación científica durante décadas, pero ¿qué hay de cierto en ello? ¿Se pueden plegar realmente el espacio y el tiempo sobre sí mismos para acortar las distancias? ¿Existen dimensiones alternativas con caminos diferentes que uno puede tomar? ¿Son los agujeros de gusano entidades reales o sólo invenciones cocinadas por científicos (o cineastas) con mentes ociosas?

Empecemos por lo que SÍ sabemos. El 25 de noviembre de 1915 el mundo amaneció con una revolución en nuestra manera de concebir el Universo y, en particular, en cómo entendemos la naturaleza de la gravedad. El celebérrimo Albert Einstein publicaba su teoría de la Relatividad General, en la que nuestra visión de la gravedad se transformaba, desde la visión de Newton en la cual es una fuerza que actúa misteriosamente de forma instantánea cualquiera que fuera la distancia que separase a dos cuerpos, a verse como la consecuencia de una geometría curvada por la presencia de materia, de tal manera que la gravedad se transmite a la velocidad de la luz que, aun teniendo el increíble valor de 300 000 kilómetros por segundo, sigue siendo finita.

Esto quiere decir que mientras que, en la teoría de Newton, si el Sol explotara mañana, nos enteraríamos al momento; en la de Einstein, tardaríamos los ocho minutos y veinte segundos que necesita la luz en recorrer la distancia del Sol a la Tierra. Este cambio en la manera de interpretar cómo funciona la gravedad habría de tener multitud de consecuencias. Una de ellas, el objeto de este texto, es la existencia de los agujeros negros, y de hecho necesitamos empezar explicando la naturaleza de estos bichos antes de ir a la de los agujeros de gusano.

Los agujeros negros se han popularizado en el imaginario colectivo como monstruos abisales capaces de tragarse todo lo que pasa en sus cercanías: luz, estrellas, planetas, incluso algún astronauta incauto que se ha aventurado demasiado (supondremos que es Cooper). Dicho punto de vista está íntimamente relacionado con la característica más relevante y extraordinaria de un agujero negro: su horizonte de sucesos (o eventos), una frontera de no-retorno que lo rodea, y que una vez traspasada, impide a Cooper volver sobre sus pasos y, más aún, impide toda comunicación hacia el exterior de dicho horizonte. De hecho, el horizonte de sucesos otorga a un agujero negro su característica negrura: ni siquiera la luz puede escapar de él, de modo que no tenemos manera de saber el destino de nuestro infortunado protagonista.

Encontrados matemáticamente como una solución de la Relatividad General en 1916, durante cuatro décadas la estrambótica naturaleza y propiedades de los agujeros negros hizo que los Físicos no se los tomaran demasiado en serio. A fin de cuentas, el papel lo aguanta todo, y que algo aparezca a nivel matemático en una teoría no significa que realmente exista en la Naturaleza.

En la década de los 50 esto empezó a cambiar, gracias sobre todo a un mejor entendimiento de la evolución estelar, que proporcionó un mecanismo realista para que los agujeros negros pudieran emerger a la Realidad y así ser considerados como realidades plausibles. En efecto, durante la mayor parte de su vida, las estrellas mantienen su brillo gracias a las reacciones nucleares que se desarrollan en su interior y que compensan el intento de sus capas exteriores de abalanzarse sobre la estrella y hacerla colapsar sobre sí misma. Pero es ésta una batalla perdida antes de empezar; en algún momento el material nuclear se agota, la gravedad gana la partida, y el colapso se hace inevitable.

El objeto resultante de dicho colapso depende de la masa de la estrella lo que da lugar a tres tipos de entidades diferentes: enanas blancas, estrellas de neutrones y... agujeros negros. En efecto, por encima de cierta masa (aproximadamente unas tres veces la de nuestro Sol) el colapso prosigue indefinidamente sin que nada pueda evitarlo (que sepamos) hasta que se forma un horizonte de sucesos: un agujero negro ha venido al mundo. A lo largo de las décadas de los 70 y 80 los progresos tecnológicos en el ámbito de la observación de la radiación electromagnética permitieron encontrar evidencia sólida de la existencia de las enanas blancas y las estrellas de neutrones. Sin embargo, los agujeros negros, por la presencia del horizonte, no emiten luz, de tal manera que dichas técnicas no son aplicables para revelar su (supuesta) existencia. Había que concebir nuevas estrategias.

Dos caminos se desarrollaron de forma independiente, basados en diferentes premisas, y con actores principales singulares. Por un lado, tenemos las ondas gravitacionales: fluctuaciones en la geometría del espacio-tiempo que se generan por el movimiento de grandes masas de materia, y que se propagan a la velocidad de la luz. En este sentido, un objetivo ideal para su generación y eventual detección sería la colisión (técnicamente, la coalescencia) de dos agujeros negros, que produce una sucesión de ondas gravitacionales, que llevarían consigo información esencial para determinar la naturaleza de sus emisores como dos agujeros negros. No obstante, la detección de una emisión de estas ondas gravitacionales fue durante décadas un reto tecnológico importantísimo debido a la pequeñez del efecto buscado: ¡más pequeño que el tamaño de un átomo!

Dicha detección fue finalmente posible en el año 2015 gracias al Laser Interforemeter Gravitational Wave Observatory (LIGO), e interpretada como el resultado de la colisión de dos agujeros negros de 29 y 32 masas solares, respectivamente. Desde entonces, decenas de tales ondas gravitacionales han sido detectadas, dando lugar a múltiples candidatos sólidos a agujeros negros.

Por otro lado, tenemos las sombras: imágenes del material en órbita alrededor de un agujero negro. En efecto, los agujeros negros tienden a rodearse del material circundante (polvo, estrellas, nuestro pobre Cooper...) que orbita el agujero negro durante cierto tiempo, calentándose según se aproxima al horizonte de sucesos y liberando grandes cantidades de energía hacia el exterior durante el proceso. Esa energía se emite principalmente bajo forma de luz en diferentes rangos del espectro electromagnético, la cual necesita primero escapar de las proximidades del agujero negro para llegar a nuestros telescopios.

En este viaje el campo gravitacional del agujero negro hace que dichos rayos de luz puedan sufrir grandes alteraciones en sus trayectorias hasta nosotros, pudiendo incluso orbitar una o varias veces el agujero negro antes de su escape final. En nuestros telescopios esto debería producir un gran anillo de radiación generado por dichos rayos de luz que envuelven una zona central oscura (la «sombra»), producto esta última de los rayos de luz que fueron tragados por el horizonte de sucesos del agujero negro y nunca llegaron a nosotros. Esta imagen fue finalmente observada por el Event Horizon Telescope (EHT) en 2019 para el supuesto agujero negro supermasivo que habita en el centro de la galaxia M87, y en 2022 para su equivalente en el centro de nuestra propia galaxia, la Vía Láctea.

Para los agujeros negros se junta pues que: surgen como soluciones de la Relatividad General, la teoría que describe adecuadamente el funcionamiento del campo gravitacional, conocemos un mecanismo para su producción a través del colapso gravitacional de las estrellas más masivas en los estertores finales de su vida, y tenemos evidencia indirecta de su existencia a través de las diversas formas de radiación electromagnética y ondas gravitacionales. Teniendo en cuenta lo anterior, la plausibilidad de los agujeros negros como objetos reales de la Naturaleza es bastante razonable, y en ese sentido se puede afirmar que, por tanto, existen. Llegar a esta conclusión no ha sido sencillo: ha sido necesario un siglo entero de progreso en los frentes matemático, teórico, numérico, tecnológico, y organizativo a nivel de grandes colaboraciones.

Sin embargo, en Ciencia nada es definitivo, y todo conocimiento es susceptible de ser cuestionado, por muy seguros que estemos de su plausibilidad. Y los agujeros negros tienen una característica fatal en su estructura más íntima, que anticipa su ruina y, por extensión, la de la teoría de la Relatividad General que los contiene. Un minuto de silencio por nuestro infortunado Cooper que cayó dentro del horizonte de sucesos de un agujero negro. ¡Espera un segundo! ¿Que nos dice la Relatividad General sobre su destino? Pues que en realidad su existencia no cesa al toparse con dicho horizonte, sino que Cooper prosigue con aparente normalidad con su viaje, pero ahora dentro de las regiones interiores del agujero negro. Y una vez dentro de tales regiones, algunas de las trayectorias que Cooper puede seguir se cruzan con otra región catastrófica de un agujero negro: la singularidad. En dicha singularidad nuestra capacidad predictiva sobre el destino del Cooper, basada en la Relatividad General, llega a su fin: la teoría tan sólo nos dice que el espacio-tiempo se «rompe» allí, y es incapaz de decirnos qué le pasa a Cooper (algo que *Interstellar* resuelve apelando a entidades aún más fantásticas, pero esa historia la contaremos otro día...).

La inevitable existencia de una singularidad dentro de los agujeros negros ha dado lugar a múltiples corrientes de pensamiento acerca de qué está mal dentro de la teoría, siendo una de las más populares la que predica la existencia de un nuevo tipo de entidad, prima hermana de un agujero negro, y que es conocida como agujero de gusano, el principal protagonista de esta historia.

Un agujero de gusano se puede visualizar, en la versión más simplista propuesta por Einstein y Rosen, como un objeto construido cortando y pegando dos copias de un agujero negro típico antes de llegar al horizonte de sucesos. Cuando cualquier forma de materia (Cooper, por ejemplo) se aproxima a dicho objeto y cruza la región de unión de las dos copias, la garganta, puede transitar de un universo a otro o ir de un lugar a otro del mismo universo, pudiendo estas regiones estar situadas a miles de millones de años luz la una de la otra.

Toda esta construcción puede matematizarse de manera adecuada dentro de la Relatividad General de manera similar a como hacemos con los agujeros negros, de tal forma que sean soluciones matemáticas en pie de igualdad una con la otra, cumpliendo de manera natural la primera propiedad de la lista anterior bajo la cual dimos plausibilidad a la existencia de agujeros negros. Sin embargo, no cumple la segunda propiedad de tal lista.

En efecto, para que los agujeros de gusano existan, la materia que los genere debe tener unas propiedades altamente inusuales, en particular, una energía negativa. Sin embargo, hasta donde sabemos, la materia normal de la que tenemos constancia de su existencia no se comporta así, no al menos en las escalas macroscópicas de las que hablamos para que un objeto astrofísico se pudiera convertir en un agujero negro o de gusano. En particular, las estrellas de las que surgen nuestros agujeros negros están hechas de materia ordinaria: hidrógeno, helio y otros elementos pesados (todos ellos hechos de átomos con sus protones, neutrones y electrones), y no de ninguna materia exótica con energía negativa. Por tanto, la vía para generar un agujero de gusano de manera realista a partir del colapso de una estrella ordinaria parece vetada. Por otro lado, y asumiendo esta dificultad aparentemente insalvable, nada impide a nuestra curiosidad científica buscar evidencias de la existencia de dichos aparentemente imposibles agujeros de gusano. Podemos, en efecto, aplicar las mismas técnicas observacionales que usamos para obtener evidencia de la existencia de agujeros negros: comportamiento de la luz y de las ondas gravitacionales en las cercanías de un candidato a agujero de gusano.

En efecto, las regiones interiores del agujero negro que antes eran inaccesibles al observador exterior ahora son reemplazadas por una zona de libre tránsito hasta llegar a la propia garganta. Esto implica que las ondas gravitacionales que se emitan en la supuesta fusión de dos agujeros de gusano podrían emitirse todo lo cerca que uno se imagine a la garganta, mientras que la sombra de un agujero de gusano podría reducirse enormemente al poder habitar el plasma que genera la luz que recibimos muy cerca a dicha garganta. Esto proporciona claros marcadores de la existencia de tales agujeros de gusano respecto de lo esperado por un agujero negro si en algún momento futuro fuéramos capaces de mejorar lo suficiente nuestra capacidad tecnológica de detección de tales fuentes de información.

Por tanto, los agujeros de gusano son entidades que debemos tomarnos en serio como potenciales objetos con relevancia física y, por tanto, explorar sus propiedades y posibilidades a fondo. Veamos algunas.

Hemos convenido que los agujeros de gusano sin horizonte son autopistas de doble sentido: la materia puede fluir tanto de aquí para allá, como de allá para aquí. Hasta ahora sólo nos hemos ocupado del primer caso, pero, ¿qué pasa en el segundo? Pues que en nuestro lado del Universo podríamos observar materia, energía y astronautas saliendo de la garganta, es decir, desde una zona del espacio-tiempo donde aparentemente no hay nada. Esto también proporcionaría evidencia clara de la existencia de objetos astrofísicos diferentes de los agujeros negros convencionales y de cualquier otra cosa de la que sepamos su existencia.

Los agujeros de gusano también han sido fuentes de fértil imaginación entre científicos y público general. Por ejemplo, los agujeros de gusano se han popularizado como máquinas de viaje interestelar (recuérdese aquí la película del mismo nombre), puesto que permiten saltar grandes distancias en periodos de tiempo mucho más cortos, accediendo a una especie de comunicación super-lumínica, si bien las leyes de la Relatividad siguen aplicándose, pues ningún objeto se está moviendo a velocidades superiores a las de la luz por medios convencionales; la garganta del agujero negro no pertenece *stricto sensu* al espacio-tiempo convencional, sino que vive más allá de él.

Esto ha llevado a especular con la garganta como una especie de realidad que vive en una dimensión diferente a la del espacio-tiempo convencional; de ahí las típicas referencias visuales a un agujero de gusano como una entidad que pliega el espacio-tiempo sobre sí mismo.

Pero los agujeros de gusano también podrían actuar como máquinas del tiempo, pues la garganta no sólo propulsa astronautas a grandes distancias en pequeños tiempos, sino que también podría actuar al revés, hacer avanzar rápidamente el tiempo... ¡pero también hacerlo retroceder! ¿Podría pues Cooper atravesar la garganta del agujero de gusano, retroceder a su pasado, y matar a su abuelo? ¡Menuda paradoja!

Esto está conectado íntimamente con la extraña naturaleza de la garganta del agujero de gusano y la materia exótica (recuérdese: con energía negativa) que es necesaria para generarlo. En tales situaciones no tenemos experiencia de laboratorio alguna sobre la cual apoyarnos, pues las únicas situaciones donde la materia hace cosas «raras» son en el dominio de la Mecánica Cuántica, pero ésta se aplica sobre escenarios microscópicos, mientras que los agujeros negros y los agujeros de gusano son bichos enormemente masivos, decenas de órdenes de magnitud mayores que el mundo microscópico.

¿Podría la garganta ser microscópica mientras que el agujero de gusano siga siendo macroscópico? En esta opción la no-plausibilidad de la materia exótica para soportar el peso de dicha garganta podría parcialmente eliminarse gracias a las extrañas leyes de la Mecánica Cuántica, pero entonces nos enfrentaríamos al problema de cómo hacer pasar luz, materia, energía (y astronautas) a través de objetos microscópicos.

¿Existe alguna manera de concebir agujeros de gusano sin necesidad de materia exótica para soportar su garganta? Para responder a esta pregunta recordemos que introdujimos la pertinencia de los agujeros de gusano como mecanismo para evitar la singularidad que la Relatividad General predice que existe en el interior de todo agujero negro y la perdida de predictibilidad que esto acarrea... pero la propia Relatividad General impone que un agujero de gusano que evite dicha singularidad inevitablemente va a tener que ser generado por materia exótica.

¿Pero podría la Relatividad General no ser cierta en las escalas en las que la singularidad se manifiesta? Una parte de los científicos se ha dedicado justamente a investigar esta cuestión, llegando a la conclusión de que dicha posibilidad existe: si hay una teoría de la gravitación más general que la Relatividad General que evite la singularidad, a su vez podría generar agujeros de gusano usando materia ordinaria (átomos y esas cosas).

Hemos llegado al final (de nuestra discusión, no del agujero de gusano) con la conclusión de que a día de hoy los agujeros de gusano son entidades con dudosas propiedades si nos atenemos a lo que sabemos del comportamiento de la materia normal en interacción con el campo gravitacional, pero dichas dudas pueden abordarse desde un punto de vista teórico a la vez que se diseñan mecanismos y máquinas para su potencial detección observacional (en caso de que estén ahí).

La experiencia pasada con los agujeros negros nos dice que incluso objetos estrambóticos y casi salidos de la imaginación de un director de películas de ciencia ficción pueden de hecho corresponderse con objetos reales, de tal modo que la curiosidad científica manda: la Naturaleza puede contener en su seno objetos que habiten en las esquinas de nuestra imaginación.

COSMOS EX MACHINA

Isabel Cordero Carrión

P ODÉIS LEER EN OTROS CAPÍTULOS de este libro sobre
agujeros negros y galaxias, también sobre el Big Bang
y el espacio-tiempo y sus dimensiones. Os han contado que tenemos observaciones y fotografías de objetos astronómicos moldeados por la gravedad y otras interacciones
gracias a maravillosos y complejos instrumentos que captan
luz, partículas o vibraciones del espacio-tiempo. También
sabéis que a veces un lápiz y un papel nos bastan para ser
capaces de describir misteriosas singularidades. Todos estos
problemas físicos nos hacen viajar e intentar entender mejor
el Cosmos en todas sus escalas. Y así retratamos un universo complejo que vamos analizando y descifrando cada vez
mejor, hasta que aparece un nuevo elemento en el juego que
tira al suelo todas las piezas del tablero que creíamos hasta
entonces ordenado. Planteamos teorías para explicar nuestras
observaciones, y utilizamos estas observaciones para poner a

prueba nuestras teorías. Creo, sin embargo, que podemos ir más allá; voy a intentar explicarme mejor...

El universo es, al mismo tiempo, generoso y esquivo. Algunos de los fenómenos gravitatorios más interesantes son rutinarios y hasta familiares, como las estaciones del año, una consecuencia del ángulo que forma el eje de la Tierra con el plano de su órbita alrededor del Sol. Otros, sin embargo, aparecen a su antojo, sin previo aviso, como la explosión de una supernova en nuestra galaxia, en la que desempeña un papel importante el colapso del astro bajo el efecto de su propia gravedad. Algunos fenómenos tienen lugar frente a nuestros ojos e involucran objetos de dimensiones o escalas de tiempo similares a la nuestra, como los eclipses; y a veces otros acontecimientos puede que ocurrieran hace demasiado tiempo o que involucren escalas demasiado pequeñas o demasiado grandes como para que podamos ser conscientes de su existencia, como los primeros instantes tras el Big Bang o la expansión del Universo.

La ciencia, por definición, se fundamenta en lo empírico: ponemos a prueba nuestras teorías con experimentos, con hipótesis que forzamos hasta sus más profundos límites. Los *tests* gravitatorios asociados con la caída de los cuerpos que analizaban Galileo o Newton se podían llevar a cabo en la torre de la ciudad o en un paseo por el campo. A Einstein, hecho de otra pasta, le bastaba incluso con sus experimentos mentales. Estudiar la fusión de galaxias o la expansión del universo requiere escalas temporales y espaciales que no se pueden reproducir ni en el garaje de casa, ni en los mayores laboratorios terrestres que nos podamos imaginar; entender *in situ* el comportamiento de la materia a densidades enormes requeriría estar en lugares en los que nos desintegraríamos casi al instante; indagar cerca de las singularidades centrales de los agujeros negros significaría adentrarnos en regiones del espacio-tiempo de las que no podríamos escapar.

Pero, una de las características de la ciencia es poder repetir un experimento para que otras personas comprueben su validez. En las últimas décadas el avance tecnológico nos ha permitido en ciencia, y en gravedad en particular, desarrollar una herramienta que nos permite realizar experimentos a todas las escalas espaciales y temporales, con materia que conocemos y con materia que podemos hipotetizar, incluso con un poco de pericia con magnitudes finitas e infinitas: los laboratorios computacionales y las simulaciones numéricas. Son unos laboratorios que han sustituido las lentes o los relojes por algoritmos y métodos numéricos, que no son capaces de escribir todas las cifras decimales del número pi pero que pueden llegar a escribir tantas que no podrías terminar de leer en toda tu vida.

Las simulaciones numéricas sobre fenómenos gravitatorios han sido fundamentales para entender nuestras teorías actuales y para descartar posibles alternativas. Me gustaría mencionar algunos ejemplos significativos: la cosmología numérica, la simulación de *jets* relativistas que emergen de los núcleos activos de galaxias y las simulaciones numéricas de la fusión de objetos compactos. Seguramente algunas de las personas que lean estas líneas se han quedado absortas viendo en una simulación numérica de Millennium o de MASCLET cómo evolucionan las iniciales y diminutas diferencias de densidad cuya existencia conocemos a partir de la observación del fondo cósmico de microondas (esos fotones que escaparon de la prisión de las interacciones con la materia unos 380 000 años después del Big Bang según este modelo). Esas minúsculas sobredensidades, lideradas por la tiranía de la distribución de la materia oscura, se aglutinan formando filamentos que se cruzan como una telaraña cósmica con grandes vacíos y que son capaces de reproducir, virtualmente, con mucha precisión, el universo que somos capaces de observar hoy en día (y el que no podemos observar también).

Os reto a intentar diferenciar observaciones del Sloan Digital Sky Survey y los resultados de una simulación numérica. Detrás de estas simulaciones están las leyes de la gravedad de Newton y algunas correcciones relativistas (según la complejidad que queramos y podamos incluir en nuestras simulaciones). Tener en cuenta la dificultad que plantean las ecuaciones de la Relatividad General de Einstein en su totalidad en un contexto cosmológico es todavía demasiado caro computacionalmente hablando, y tardaríamos demasiado tiempo si lo medimos en las escalas en que normalmente manejamos al plantear nuestros proyectos de investigación. Aunque nuestro universo haya nacido y evolucionado una única vez, lo que llamamos región observable, y por tanto tengamos solo un conjunto de datos de nuestro universo, en nuestras simulaciones cosmológicas podemos jugar con diferentes características de la materia oscura u otros componentes y descartar algunos modelos, podemos identificar galaxias en regiones que están causalmente desconectadas entre sí e incluso movernos por la simulación numérica a velocidades superiores a la de la luz en el vacío...

Los agujeros negros supermasivos que se encuentran en los centros de muchas galaxias son monstruos enormes rodeados por intensos campos magnéticos y discos de acreción. La materia en estos entornos tiene densidades muy altas y se producen interacciones violentas. El entorno físico del agujero negro central da lugar a fenómenos extraordinariamente violentos. El disco de acreción y los intensos campos magnéticos que lo rodean se combinan para que el agujero negro produzca un chorro de materia que escapa en dirección perpendicular al disco a velocidades muy, muy próximas a la velocidad de la luz. Para la modelización de la propagación del chorro en la galaxia y en el medio intergaláctico (sí, estos chorros pueden atravesar galaxias enteras) y las interacciones que se producen en el interior del propio chorro tenemos que resolver con mucha precisión y cuidado las ecuaciones de la magnetohidrodinámica relativista (una rama muy intrincada de la física de fluidos que se ocupa del movimiento colectivo de muchas partículas cargadas afectadas por campos magnéticos intensos). En la resolución de estas ecuaciones hay que tener en cuenta que en la situación física que queremos describir aparecen choques y discontinuidades (saltos), se desarrollan fenómenos de turbulencia e incluso se manifiestan algunas inestabilidades en el plasma y en la interacción de éste con el medio por el que se desplaza. La propia gravedad que genera el disco de acreción es fundamental para entender la dinámica de esta región central y las propiedades del chorro relativista.

En estas simulaciones podemos especular con la composición y comportamiento de la materia en condiciones extremas sin peligro de morir en el intento, y comparar nuestras simulaciones con diferentes observaciones para descartar aquellos modelos que no son capaces de reproducir lo que observamos con nuestros telescopios. Son, además, situaciones que conectan las escalas de los agujeros negros supermasivos en el centro de muchas galaxias con las escalas de las propias galaxias que atraviesan, incluso sirven para explorar escalas de órdenes de magnitud superiores, ya que estos chorros escapan de su propia galaxia y se propagan por el medio intergaláctico.

Pongámonos, finalmente, las gafas astronómicas para ver las regiones más pequeñas modeladas por la gravedad: los llamados objetos compactos. En este zoo encontramos agujeros negros estelares y estrellas de neutrones, posibles etapas finales de la vida de muchas estrellas. Podemos también jugar con la existencia y propiedades de otros objetos compactos aún no detectados, que podrían imitar a los agujeros negros en algunas propiedades, como las (por ahora hipotéticas) estrellas de bosones. En nuestros laboratorios computacionales podemos simular estos objetos compactos, de manera aislada o en parejas, para poner a prueba nuestras teorías de gravedad y del comportamiento de la propia materia en las condiciones más extremas. Sabemos jugar a poner curvaturas infinitas en nuestros ordenadores desde 2005 y podemos considerar otras alternativas. El desarrollo de algoritmos numéricos cada vez más sofisticados nos permite analizar e incorporar más complejidad en las simulaciones.

Somos capaces de calcular la radiación gravitatoria que emiten estos sistemas, las perturbaciones del propio tejido del espacio-tiempo llamadas ondas gravitatorias, y podemos construir catálogos de señales virtuales que posteriormente se puedan comparar con las observaciones reales y que permitan identificar el fenómeno astrofísico que las ha producido. Estas ondas gravitatorias son un nuevo canal de información complementario para entender el universo a todas las escalas, son gravedad pura en movimiento, a la velocidad de la luz en el vacío según la Relatividad General de Einstein.

La detección de ondas gravitatorias procedentes de un sistema binario de estrellas de neutrones en agosto de 2017 y la observación de luz en todas sus frecuencias en los momentos posteriores ha permitido, entre otras cosas, medir con tal precisión la velocidad de propagación de las ondas gravitatorias que hemos tenido que descartar muchas teorías de gravedad que intentaban ir más allá de la Relatividad General. Esperamos recabar pistas suficientes de las regiones en las que habitan estos objetos compactos como para poder reconciliar la gravedad con el resto de fuerzas fundamentales, y quizás establecer un acuerdo entre gravedad y física cuántica para reemplazar las molestas singularidades que surgen en las situaciones más extremas.

Mientras el Universo nos tenga esperando a recibir otra maravillosa señal, podemos prepararnos construyendo un catálogo virtual de señales, explorando nuestras ideas más o menos especulativas, entrenando nuestros ojos con simulaciones numéricas, atravesando en éstas el horizonte de sucesos de un agujero negro y volviendo a salir por el mismo horizonte si ha llegado la hora de dar una clase.

Las primeras computadoras eran grupos de mujeres con salarios precarios (cuando los tenían) que realizaban a mano tediosas operaciones; los actuales ordenadores y portátiles que tenemos en casa, o los grandes centros de computación como Mare Nostrum, son máquinas que han heredado su nombre y que siguen haciendo, en el fondo, cálculos repetitivos y poco estimulantes, sólo que en cantidades ingentes. No obstante, hemos sabido combinar con astucia matemática estas operaciones de manera compleja para poder abordar la modelización de diferentes escenarios, incluyendo aquellos en los que la gravedad desempeña un papel fundamental. Los algoritmos y técnicas de *machine learning* o la computación cuántica están llamando a la puerta y prometen volver a desordenar el tablero de juego de los laboratorios computacionales.

NO PERDAMOS EL NORTE

J. Fernando Pascual-Sánchez

L A RELATIVIDAD GENERAL es una bella teoría que nos invita a pensar en el Universo, su estructura y su historia. Trae a nuestras mentes imágenes de objetos astronómicos exóticos y fenómenos cósmicos de inusitada violencia. A aquellos que sintáis inclinación por la matemática seguro que os evoca una multitud de ideas relacionadas con la geometría y, si os preocupan los misterios más profundos de la física actual, no podréis evitar pensar en su relación, aún llena de misterio, con el mundo cuántico. Nada de lo anterior sugiere ningún tipo de aplicación práctica y, sin embargo, estáis empezando a leer un capítulo sobre cómo en nuestra vida cotidiana utilizamos de forma rutinaria dispositivos cuyo funcionamiento se basa de forma fundamental en la relatividad. Estoy hablando de los sistemas de localización por satélite (el popular GPS y otros como GLONASS, BeiDou o Galileo) que nos permiten viajar sin perdernos o encontrar sin esfuerzo ese restaurante al que vamos a ir a cenar el sábado.

El concepto central de la relatividad –uno de los grandes hallazgos de Einstein– es el tiempo propio. El tiempo, que en la física prerrelativista es algo externo a los observadores y se comporta de la misma manera para todos ellos, adquiere una naturaleza personal y se convierte en un concepto asociado de forma íntima con cada objeto del universo. No solo eso, en un sentido muy concreto los intervalos de tiempo propio desempeñan un papel central en la definición de los conceptos básicos que utilizamos para describir el movimiento en el ámbito de la cinemática relativista. Supongo que entonces no os extrañará que os diga que los instrumentos más importantes en los que se basa el funcionamiento del GPS son los relojes más precisos que tenemos: los relojes atómicos. Tampoco os parecerá raro que sea necesario entender muy bien cómo afectan a la medida del tiempo los campos gravitatorios y el movimiento de los cuerpos. Voy a intentar explicarlo.

Los Sistemas de Navegación Global por Satélites (Global Navigation Satellite Systems, conocidos también como GNSS por sus siglas en inglés) están formados por constelaciones de varias decenas de satélites que se mueven alrededor de la Tierra siguiendo órbitas situadas a diversas alturas (del orden de 20 000 km) y con distintas inclinaciones. Según las leyes de Kepler, en esas órbitas las velocidades con respecto al suelo son de unos 14 000 km/h. Los satélites que forman estos sistemas de navegación tienen que transmitir sus datos a los receptores situados en la Tierra cuya posición se quiere determinar. Para ello utilizan ondas de radio que se propagan a la velocidad de la luz en el vacío. Las velocidades de transferencia de información típicas son enormes: hasta unos 1,6 Gigabits por segundo, que es mayor que la velocidad de transmisión de datos de las fibras ópticas que conectan nuestros hogares. En este proceso participan una serie de antenas situadas en Tierra que son las que envían la información procesada a los receptores utilizados por los usuarios.

En estos sistemas de posicionamiento es fundamental determinar con gran exactitud el tiempo medido por los relojes atómicos de los satélites y compararlo con el tiempo medido en Tierra. Como he comentado al hablar del tiempo propio, podemos decir que el transcurso del tiempo en un satélite y en un receptor en Tierra son en cierto sentido diferentes o, de forma más precisa, que aunque sincronicemos dos relojes idénticos, uno en la Tierra y otro en un satélite, los detalles de su movimiento relativo en el campo gravitatorio terrestre harán que esa sincronización se pierda. Aunque es posible entender este fenómeno de una manera unificada, resulta conveniente en la práctica pensar que se debe a dos causas distintas: el efecto de las diferencias del potencial gravitatorio sobre ambos relojes (que atribuimos a la Relatividad General) y el efecto que asociamos con la velocidad relativa entre ellos (que asociamos con la relatividad especial).

¡Es necesario tener en cuenta estos efectos relativistas para que un sistema de posicionamiento por satélites funcione! Si alguien dijo en algún momento que la relatividad no sirve para nada, puede empezar a comerse sus palabras...

Aunque desde la perspectiva conceptual que nos proporciona la Relatividad General lo más natural sería adoptar de partida un planteamiento puramente espaciotemporal, en la práctica se utilizan lo que conocemos como sistemas de referencia newtonianos y se tienen en cuenta los efectos relativistas introduciendo correcciones. Esto significa que se usan un sistema de referencia espacial tridimensional y un sistema de referencia temporal (un tiempo universal) independiente del primero. Veamos cómo.

El objetivo del sistema de posicionamiento por satélite es determinar la posición espacial de receptores situados en la Tierra. Dado que es natural atribuir coordenadas fijas a cada punto de la superficie terrestre −en la práctica nombres matemáticos que permiten identificarlos de forma unívoca, permanente y precisa igual que lo hacen sus denominaciones geográficas−, lo más lógico es utilizar un sistema de referencia no inercial asociado con la Tierra y anclado en ella (ECEF por las siglas en inglés de *Earth-centered-Earth-fixed*). Es importante darse cuenta de que en un sistema así un objeto que esté en el Ecuador se mueve con una velocidad, nada despreciable, de 1 670 km/h. Esto tiene consecuencias importantes, ya que nos obliga a tener cuidado a la hora de definir nuestro sistema de referencia temporal. Por este motivo es útil introducir también un sistema de referencia espacial centrado en la Tierra y que no gire con ella (ECI por las siglas en inglés de *Earth-centered inertial*) y asociar con él el sistema de referencia temporal newtoniano. Los dos sistemas de referencia son cartesianos, tienen su origen de coordenadas en el baricentro terrestre y su eje Z apunta en la dirección del Polo Norte de la Tierra. Además, el eje X del sistema inercial ECI apunta en la dirección de un punto de la bóveda celeste, el punto vernal de Aries, que podemos considerar como fijo.

La determinación de la posición y el tiempo de un usuario de un sistema de posicionamiento por satélite puede ser explicada de forma sencilla. Consideremos los cuatro relojes atómicos de cuatro satélites sincronizados en el sistema de referencia espacial inercial ECI. Supongamos que cada uno emite una señal de radio cuando sus relojes marcan un cierto tiempo (que será distinto para cada uno) y que estas señales, que llevan información sobre cuándo son emitidas y las posiciones de los satélites, llegan a la vez a un receptor situado sobre la Tierra. Con esta información basta resolver un sencillo sistema de cuatro ecuaciones para determinar sus cuatro incógnitas: la posición espacial y el tiempo del reloj del receptor. Dado que solo en el sistema de referencia inercial ECI los relojes de los satélites están sincronizados, será necesario introducir correcciones para tener en cuenta que el receptor se encuentra en movimiento y que su potencial gravitatorio es distinto del de los satélites desde los que ha recibido la señal.

Aquí merece la pena hacer un comentario importante: aunque la determinación de las tres coordenadas espaciales de un objeto parece necesitar solo de la información proporcionada por tres satélites, es necesario tener en cuenta también la necesidad de medir tiempos porque las ondas de radio se transmiten con una velocidad finita. Si fuera posible definir y determinar distancias espaciales sin usar señales electromagnéticas bastaría conocer la posición de tres satélites y su distancia al receptor para calcular su posición determinando los puntos de intersección de tres esferas (genéricamente dos: uno sobre la superficie terrestre y otro fuera de ella). Para tener en cuenta los efectos relativistas gravitatorios en la determinación de la posición de un receptor se utiliza la métrica de Schwarzschild, que describe la geometría espaciotemporal en el vacío producida por una concentración de masa con simetría esférica, a la que se añaden las correcciones necesarias para tener en cuenta que la Tierra tiene realmente forma de elipsoide achatado. Aunque la Tierra gira, y por tanto, la geometría espaciotemporal en puntos cercanos a ella estaría descrita con una aproximación mejor por la métrica de Kerr, en la práctica las correcciones que habría que introducir no son relevantes teniendo en cuenta la precisión de los relojes atómicos con los que contamos en la actualidad (al menos aquellos que podemos instalar en un satélite artificial). Para poner en contexto estas afirmaciones y hacerse una idea de los márgenes de error con los que funciona un sistema como el GPS el siguiente dato es importante: un error en la medida del tiempo de un solo nanosegundo, da lugar a un error de posicionamiento del orden de 30 cm.

Los efectos debidos al movimiento de los puntos situados sobre la superficie de la Tierra son también muy importantes. En un párrafo anterior he comentado que los relojes que portan los satélites están sincronizados en un sistema inercial, pero el usuario no está en reposo en este sistema, sino que se mueve con respecto a él arrastrado por la Tierra. Como consecuencia su tiempo propio (asociado con los puntos del geoide terrestre y conocido como tiempo GPS) no coincide con el tiempo inercial. Esto hace que sea necesario realizar una serie de cambios de sistema de referencia (del ECI al ECEF y viceversa) para obtener la posición final sobre la superficie terrestre. Por otra parte el origen de tiempo en el sistema en rotación está asociado con observadores en caída libre situados en el centro de la Tierra, por lo que hay que hacer las transformaciones necesarias para relacionarlo con el tiempo GPS. En realidad, el tiempo importante es el asociado con el geoide relativista, que es la superficie más cercana al nivel medio del mar en la que los relojes ideales marchan al mismo ritmo y que coincide con la superficie equipotencial (definida por el potencial efectivo) de la gravedad terrestre.

Ahora voy a dar una idea sobre la magnitud de las distintas correcciones relativistas en la determinación del tiempo en un sistema como el GPS. Las de mayor magnitud son el efecto Doppler asociado con el movimiento del satélite (que se interpreta como un efecto asociado con la relatividad especial), el efecto gravitacional debido a la posición en el campo gravitatorio terrestre (un efecto que se explica en el contexto de la relatividad general) y el conocido como efecto Sagnac debido a la rotación del sistema no inercial ECEF que gira solidario con la Tierra. Cuantitativamente el efecto Doppler relativista hace que los relojes de los satélites acumulen un retraso de 7100 nanosegundos por día con respecto a los relojes situados sobre la superficie terrestre (recordemos que la frecuencia es la inversa del período y por tanto, a frecuencias más pequeñas les corresponden períodos más elevados y menos tic-tacs en los relojes). El efecto gravitatorio que he mencionado en segundo lugar hace que los relojes de los satélites adelanten 45700 nanosegundos por día por encontrarse más alejados del centro de la Tierra. Una forma de interpretar y cuantificar la magnitud de este efecto gravitatorio sobre el tiempo es pensar que si utilizamos un modelo realista de la Tierra, tras 4500 millones de años de existencia su centro es 2,5 años más joven que la superficie. Como vemos el efecto Doppler y el efecto relativista producen efectos contrarios aunque de magnitudes diferentes. De hecho, a una altitud de 3165 km ambos efectos se compensan y a la altitud de 20183 km de los satélites del GPS el efecto gravitatorio de adelanto en los satélites es mucho mayor que el atraso debido al efecto Doppler.

Para que los relojes atómicos de los satélites aparezcan para el observador situado sobre la superficie de la Tierra a la frecuencia de 10,23 MHz elegida para el GPS los relojes atómicos de los satélites deben ser ajustados antes de su lanzamiento, bajando su frecuencia propia a 10, 229 999 995 43 MHz. Sin esta corrección el sistema empezaría a producir errores significativos tras unos pocos minutos; en un día las posiciones sobre la superficie terrestre se verían afectadas por un error de unos 11 km, mientras que tras una semana los errores en la dirección vertical serían de unos 5 km. Es importante señalar también que al transferir frecuencias, aparece también el efecto Doppler clásico –lineal en la velocidad– que es eliminado por los receptores y que, dependiendo de la velocidad del receptor, puede llegar a ser entre 103 y 105 veces mayor que los efectos relativistas que hemos discutido aquí.

La verdad es que puede resultar chocante que pese a la insistencia en lo importante que es tener en cuenta los efectos relativistas para que los sistemas de posicionamiento por satélite funcionen bien, en la práctica se sigan empleando sistemas de referencia construidos siguiendo las concepciones sobre el espacio y el tiempo de la física newtoniana. Desde un punto de vista teórico y conceptual, sería preferible, sin duda, utilizar métodos operacionales basados en el uso del tiempo propio medido por relojes y el uso de rayos de luz para intercambiar información. Posiblemente esto sea también lo más conveniente desde un punto de vista práctico, sobre todo teniendo en cuenta que la precisión de los relojes sigue aumentando. Veamos qué nos trae el futuro.

HASTA EL INFINITO
Y MÁS ALLÁ... DE EINSTEIN

Prado MARTÍN MORUNO

¡QUÉ MARAVILLOSO es nacer con todo por aprender! Poco a poco avanzamos en el conocimiento del entorno, de nosotros mismos y del límite entre ambos. Un buen día nos sientan en una trona y se nos cae un objeto; lo observamos y repetimos el proceso con el mismo resultado. En ese momento todos y todas nos convertimos en científicos y científicas. No nos cansamos de comprobar una y otra vez cómo el resultado de lanzar un objeto es que este debe caer. Cuando la persona responsable más cercana participa devolviéndonos el objeto y permitiéndonos así repetir el experimento, estamos conformes. Otras veces la persona trunca el resultado esperado cogiendo el objeto antes de que llegue al suelo. Frustración o incluso llanto puede ser la respuesta a este intento de ayuda no solicitado y es que, reconozcámoslo, a nadie le gusta comprobar que su experimento no culmina del modo previsto.

No recuerdo en qué momento alguien me dijo que los planetas giran alrededor del Sol por la misma razón que los objetos caen. Me parece poco probable que aceptase algo así a la primera. Pero en algún momento no sólo lo entendí, sino que lo asimilé como si se tratara de algo evidente. La gravedad es literalmente lo que hace girar nuestro mundo y, gracias a que Isaac Newton así lo entendió hace más de tres siglos, en el instituto nos cuentan que esta se puede describir como una fuerza de atracción entre cualesquiera dos objetos. Una fuerza que es proporcional a la masa de ambos y que es menor cuanta más distancia los separe (decrece con la distancia elevada al cuadrado, para ser precisos), siendo el factor de proporcionalidad una constante: la constante gravitatoria. Así la gravedad se entiende como una fuerza más que afecta al movimiento de los objetos.

Debió de ser frustrante cuando se evidenció que la Ley de la Gravitación Universal de Newton no puede ser la razón por la que giran todos los mundos. Las observaciones indicaban que Mercurio, ese pequeño planeta tan cercano al Sol, sigue una trayectoria que no puede describirse totalmente con esa ley. No me extraña que se intentara explicar ese fenómeno buscando algún tipo de interacción que no se hubiese tenido en cuenta, como la debida a un planeta desconocido, pero manteniéndose en el marco de la teoría newtoniana. Lo que es poco creíble es lo contrario: pensar que un buen día alguien formuló una nueva teoría que todo el mundo aceptó sin rechistar, reconociendo así implícitamente que antes estaban equivocados.

¿Cómo explicar a la persona que se ha vuelto a interesar por los fenómenos gravitatorios que la construcción científica que se le contó y comprendió debe ser derruida? Después de años pensando en las interacciones gravitatorias como debidas a una fuerza, tantos que pudiera parecernos incluso un conocimiento innato, resulta que entender la gravedad como debida a la curvatura del espacio-tiempo nos proporciona una descripción de la naturaleza más acertada cuando queremos entender fenómenos algo más alejados de nuestra cotidianeidad. Albert Einstein no formuló la teoría de la Relatividad General para describir de forma adecuada la órbita de Mercurio, sino para reconciliar la física gravitatoria con la electromagnética; pero esta teoría sí predice de forma correcta el avance de la órbita del pequeño planeta, además de otros fenómenos que se observaron poco después. Por supuesto, la nueva teoría (de algo más de un siglo de edad hoy en día) debe recuperar las predicciones de la física newtoniana cuando esta describe correctamente los resultados de los experimentos. Un cambio de paradigma es mucho más digerible (siempre visto *a posteriori*) destacando que la nueva teoría debe englobar a la anterior, aunque las que se recuperen sean las predicciones que se habían comprobado correctas y no necesariamente los conceptos en los que se basa el nuevo planteamiento. Reconozcamos también la dificultad del salto conceptual necesario para entender la gravedad como un efecto de naturaleza puramente geométrica. Si nos decidimos a realizar este esfuerzo de comprensión no es porque la teoría de Einstein sea bella (que lo es), ni porque su formulación matemática sea elegante (sin duda), sino porque funciona donde no funcionaba la teoría previa y en muchos otros contextos en los que ni Einstein pensó que se pudieran llegar a medir sus efectos.

La teoría de la Relatividad General proporcionó incluso un marco científico sólido para entender la Cosmología como una rama de la ciencia. Así llegó el día en el que dimos por bueno que la misma teoría que describe la gravedad en nuestro planeta, en el Sistema Solar y más allá, debe ser válida en todo el Universo, proporcionándonos incluso una descripción de la evolución de éste. La misma teoría describe todos los fenómenos gravitatorios imaginables y esa teoría es la Relatividad General. ¿Seguro?

Una vez tenemos la teoría de la Relatividad General parece que basta considerar una distribución de materia para obtener cómo el espaciotiempo se curva y, por lo tanto, cómo se van a mover los objetos contenidos en él debido a esa curvatura, es decir, a la gravedad. Sin embargo, a veces la complejidad matemática de la teoría no nos deja extraer conclusiones tan fácilmente. Cuando por fin se estudió en detalle cómo la distribución de materia en el Universo joven dio lugar a la distribución de galaxias de hoy en día, se concluyó que debía haber más materia de la que veíamos. Dicho así una podría pensar que se les ha roto el ordenador con el que resolvían los cálculos, pero es que en los 70 Vera Rubin ya concluyó a partir de sus estudios galácticos que en el Universo debe haber una gran cantidad de materia que ni emite ni absorbe luz, por lo que se la conoce como materia oscura. Más aún, a finales del siglo pasado se entendió que el Universo se está expandiendo de forma acelerada. Este hecho no se puede entender si toda la materia cósmica produce efectos gravitatorios atractivos y la teoría válida cuando se consideran distancias enormes es la Relatividad General. Así se concluye que en torno al 68 % del contenido energético cósmico debe ser energía oscura; oscura porque tampoco interacciona directamente con la luz, pero de naturaleza repulsiva para poder causar la expansión actual del Universo. Como la materia oscura constituye aproximadamente el 27%, esto implicaría que sólo entendemos el 5% del contenido del universo observable.

El modelo cosmológico estándar presupone que la energía oscura no evoluciona con la expansión cósmica; esto es lo que se conoce como la constante cosmológica. Este recurso fue considerado por primera vez por Einstein para poder describir un modelo de universo que no evolucionase usando la Relatividad General. Aunque después él mismo rechazó esta constante por no ser necesaria, fue resucitada en varias ocasiones cuando los datos observacionales no acababan de cuadrar, para relegarla después al olvido al obtener datos observacionales más precisos. Finalmente, la comunidad científica ha iniciado nuestro siglo abrazando esta hipótesis para la energía oscura, que todavía sigue siendo aceptada mayoritariamente.

Es verdad que todavía no sabemos lo que es la materia oscura, aunque esperamos descubrirlo pronto, pero es que a la energía oscura ni siquiera la entendemos. La interpretación más popular de la constante cosmológica consiste en identificarla con la energía del vacío, pero los cálculos de esa energía distan muchísimo de corresponderse con la evolución cósmica que se observa. Por supuesto, nadie niega las virtudes del modelo cosmológico estándar como modelo efectivo, aparte de ciertas tensiones con algunos datos observacionales. Pero no sería tan sorprendente que, una vez más, unos datos más precisos nos acabasen llevando a abandonar la hipótesis de la famosa constante.

En este contexto es lícito preguntarse: ¿y si la energía oscura no es sino una señal de que la Relatividad General no es una teoría válida a escalas cosmológicas? Aunque el imperio del sector oscuro parezca bien establecido, una corriente de investigación ha desafiado las bases del modelo cosmológico estándar planteando que podría ser otra teoría la que describiese los fenómenos gravitatorios de forma satisfactoria en todo el Universo, e incluso su evolución. Además, entre muchos seguidores del trabajo de Einstein se reconoce la necesidad de desarrollar este tipo de teorías para así poder confirmar la Relatividad General con más seguridad a escalas cosmológicas. Pero este proceso de desaprender y aprender no lo realizan estudiantes guiados por alguien que ya conoce la solución al problema.

Einstein estuvo influenciado por el trabajo de Ernst Mach cuando formuló la Relatividad General, entendiendo que la inercia (que es una medida de la resistencia de los objetos a cambiar su estado de reposo) no debería ser una característica intrínseca de los objetos sino el resultado de su interacción con el resto de la materia del Universo. Así concluyó que las propiedades del espacio-tiempo deben tener su origen en la materia que contiene. Sin embargo, en 1961 Carl H. Brans y Robert H. Dicke sugirieron que la Relatividad General no refleja totalmente este hecho y que para hacerlo tendría que ir más allá teniendo en cuenta que la constante gravitatoria (de cuyo valor depende la aceleración de una partícula en un campo gravitatorio) no debería ser constante, sino depender de la distribución de materia en el Universo.

La forma concreta en la que Brans y Dicke implementaron esta idea fue formulando una teoría en la que introdujeron un nuevo actor gravitatorio que llenaba todo el espacio. Así, en ese escenario, la gravedad seguiría siendo el resultado de la curvatura del espacio-tiempo, pero ya no sólo de esta sino también de ese actor cuya evolución determina el valor de la no-constante gravitatoria. Una magnitud física que en principio toma valores distintos en cada punto es lo que se denomina un campo. El nuevo actor gravitatorio de la teoría original de Brans y Dicke es un campo del tipo más simple posible, uno al que a cada punto del espacio le asigna simplemente un valor numérico. A ese tipo de campos los conocemos como escalares, y el ejemplo más cotidiano es la temperatura. Si algún lector se pregunta por un ejemplo de campos más complicados podemos pensar (siguiendo con la meteorología) por ejemplo en las velocidades del viento, para las cuales no solo hay que especificar su valor, sino también su dirección.

Hoy en día es natural plantear que tal vez debamos entender la energía oscura como un campo de naturaleza gravitatoria en lugar de como la energía del vacío. Esto ha llevado al desarrollo de otras teorías que también consideran que los efectos gravitatorios son debidos a la curvatura y a algún otro campo, uno con la misma simplicidad que aquel que usaron Brans y Dicke pero que puede interaccionar de otras formas con la curvatura. Es más, en principio no hay ninguna razón por la que el nuevo campo deba ser del tipo más simple, por lo que se pueden considerar teorías con otros actores gravitatorios. Un tipo particularmente interesante son las teorías formuladas usando dos espacio-tiempos. Su interés radica en que, si la gravedad puede entenderse en algún régimen como una interacción mediada por una partícula, que se suele llamar gravitón, la Relatividad General y la mayoría de las teorías de este grupo implicarían que el gravitón no tiene masa (como el fotón), mientras que en estas otras teorías el gravitón tendría una masa no nula.

Por supuesto, incluir nuevos campos no es el único camino que se ha seguido para construir teorías gravitatorias. Una de las líneas de investigación más fructíferas ha consistido en modificar cómo usamos la geometría para construir la teoría. La curvatura podría dar lugar a los efectos gravitatorios de una forma distinta a como lo hace en la teoría de Einstein. Además, en este contexto se puede considerar que hay otras entidades geométricas más allá de la curvatura (o incluso en lugar de esta) que deben ser relevantes en el esquema gravitatorio. Se puede reflexionar sobre que, a priori, la forma de medir distancias debería ser independiente de los elementos con los que se define esa curvatura. Otros tipos de teorías gravitatorias surgen al relajar de algún otro modo la gran simetría de la teoría de la Relatividad General o aumentar el número de dimensiones del espacio-tiempo. Así podríamos afirmar que los límites para construir nuevas teorías los pone la imaginación de la mente que reflexiona. Esto no es exactamente así porque, debo subrayar, no es tan fácil recuperar las muchas predicciones de la Relatividad que ya se ha comprobado que son correctas. Además, se debe tener en cuenta que hay teorías pertenecientes a distintas especies de la fauna a la que me he referido que, al final, se puede comprobar que dan lugar exactamente a las mismas predicciones, siendo por lo tanto fenomenológicamente equivalentes.

El desarrollo de este esquema de teorías gravitatorias nos ayuda a reflexionar sobre la Relatividad General. Además, nos podría llevar a confirmar con confianza sus predicciones cosmológicas cuando dispongamos de los datos de futuras misiones espaciales y nuevos observatorios. Sin embargo, si no fuera así y se encontrasen discrepancias irreconciliables, ¿se ha desarrollado ya una teoría gravitatoria lo suficientemente novedosa y convincente como para producir un cambio de paradigma? Reconozcamos, en último lugar, que tal vez debamos desaprender a Einstein un poco más para poder seguir aprendiendo.

LA DIMENSIÓN (AÚN) DESCONOCIDA

Miguel Á. Vázquez Mozo

¿CUÁNTAS DIMENSIONES EXISTEN? Aunque proporcionar una respuesta pueda parecer trivial, esa pregunta ha sido un importante tema de investigación de la física teórica de los últimos cien años. No debería esto sorprendernos. Desde sus mismos inicios en los siglos XVI y XVII la ciencia moderna ha sido una constante superación del sentido común, de lo obvio. Pocas cosas hay más contrarias a nuestra intuición inmediata que el que la Tierra se mueva, pero fue tomar esta posibilidad en serio lo que puso en marcha el proceso que conocemos como Revolución Científica. La propia física aristotélica –destronada por la mecánica inercial de Galileo y Newton– bien podía considerarse una física del sentido común.

La curiosidad humana por las dimensiones del espacio es antigua y durante largo tiempo se centró en justificar la respuesta perogrullesca a nuestra pregunta, es decir, en explicar por qué el espacio tiene tres dimensiones. La cuestión adquirió una perspectiva más física con la formulación de la gravitación universal newtoniana. Porque el hecho de que la atracción gravitatoria entre dos masas sea inversamente proporcional al cuadrado de la distancia entre ellas está íntimamente ligado a que el espacio sea precisamente tridimensional.

Pensemos en una vela en una habitación oscura. La intensidad de la luz que llega a nuestra retina es inversamente proporcional al cuadrado de la distancia a la que nos encontramos de ella. Esto es así por la particular forma en que el flujo luminoso se 'diluye' al llenar las tres dimensiones del espacio. Si este fuera bidimensional, la cantidad de luz capturada por nuestro ojo sería inversamente proporcional a la distancia, y al cubo de la misma en el caso de cuatro dimensiones. El interés de este ejemplo radica en que lo mismo ocurre con la gravedad, algo que llevó a Immanuel Kant a dar la vuelta al argumento y proponer en 1746 que las tres dimensiones del espacio podrían ser una consecuencia de la ley de gravitación newtoniana.

En realidad parece que tenemos suerte de vivir en un mundo con precisamente tres dimensiones. Si hubiera más, las órbitas planetarias y el propio sistema solar serían inestables. Algo similar a lo que hemos visto con la gravedad ocurre también con la fuerza eléctrica que mantiene a los electrones ligados al núcleo atómico, por lo que la materia tal y como la conocemos sería asimismo imposible. Por otro lado resulta difícil acomodar estructuras biológicas complejas en una o dos dimensiones. Así que si el espacio no fuera tridimensional lo más probable es que ni siquiera estuviésemos aquí para preguntarnos cuántas dimensiones hay.

Pero todo ello no disminuye ni mucho menos el interés de los espacios multidimensionales. Estos empezaron a ser estudiados en el siglo XIX por matemáticos como Bernhard Riemann, que sentó las bases geométricas sobre las que más tarde se construiría la Relatividad General. En una vena más literaria, en su novela de 1884 *Flatland: A Romance of Many Dimensions* Edwin A. Abbott hizo a las dimensiones del espacio protagonistas de una fábula geométrica preñada de crítica social. Aunque bien es cierto que contemplar algo como posibilidad matemática o recurso literario difiere mucho de implementarlo en una teoría física que aspire a describir el mundo real.

La relatividad especial introdujo un espacio-tiempo de cuatro dimensiones, aunque no de la mano de su creador Albert Einstein sino de Hermann Minkowski, y ante el escepticismo inicial del primero que lo consideró una 'erudición superflua'. Esta construcción geométrica sería, no obstante, el marco adecuado para formular la Teoría General de la Relatividad.

No debemos olvidar sin embargo que el espacio-tiempo de la relatividad especial y general sigue tomando el número de dimensiones del espacio como un dato, y por ello no responde a nuestra pregunta sino que presupone una respuesta. Lo que hace el espacio-tiempo realmente es 'geometrizar' la relación entre las tres dimensiones espaciales y el tiempo, que a pesar de todo mantiene un carácter singular. Si bien la Relatividad General será un ingrediente básico, la historia moderna del problema de las dimensiones se desarrolla en el contexto de uno de los temas centrales de la física contemporánea: la unificación de las interacciones fundamentales.

Durante las décadas iniciales del siglo xx solo eran conocidas dos fuerzas básicas de la naturaleza: la gravedad y el electromagnetismo. Una característica distintiva de la primera es que produce aceleraciones en los cuerpos que son independientes de sus masas y composición, algo que ya sabía Galileo, pero que solo Einstein llevó hasta sus últimas consecuencias. Esta «universalidad» es la clave para identificar a la gravedad como efecto de la geometría espacio-temporal, aunque al mismo tiempo es también un obstáculo para encontrar una descripción común –unificada– con el electromagnetismo, ya que las aceleraciones causadas por esta fuerza dependen de la relación entre la carga eléctrica y la masa de los cuerpos sobre los que actúa.

Fue precisamente al intentar unir gravedad y electromagnetismo cuando apareció la cuarta dimensión espacial. En 1921 Theodor Kaluza cayó en la cuenta de que si en lugar de formular la Relatividad General en un espacio-tiempo de cuatro dimensiones –como había hecho Einstein en 1915– lo hacía en uno de cinco, el resultado desde la perspectiva tridimensional se parecía mucho a tener gravedad y electromagnetismo. El elemento clave para que todo funcione es que la nueva dimensión espacial sea inobservable. Algo que por ejemplo puede conseguirse 'enrollándola' sobre sí misma con un radio tan minúsculo que sea experimentalmente indetectable (lo que, incidentalmente, también evita las catastróficas consecuencias de tener más de tres dimensiones). Tomando este punto de vista, la existencia de la gravedad y el electromagnetismo como fuerzas diferentes reflejaría que en realidad vivimos en un espacio con una dimensión adicional 'escondida' y en el que solo hay gravedad.

Esta idea, también elaborada por Oskar Klein y conocida por ello como teoría de Kaluza-Klein, es ciertamente atractiva. No solamente parece unificar gravedad y electromagnetismo, sino que hace que la carga eléctrica esté automáticamente cuantizada. Se explicaría así por qué, si excluimos los quarks, aún desconocidos en los tiempos de Kaluza y Klein, todas las cargas eléctricas en la naturaleza son múltiplos enteros de la del electrón.

Pero, ¿proporciona esto una respuesta concreta y definitiva a nuestra pregunta? En el universo no solo hay gravedad y electromagnetismo. Conocemos también otras dos fuerzas que operan a nivel subatómico. Una es la fuerza nuclear débil, responsable del fenómeno de la radioactividad. La segunda es la fuerza nuclear fuerte que mantiene unidos protones y neutrones en el núcleo atómico. En principio no hay mayor problema para añadir más fuerzas a la teoría original de Kaluza-Klein. Eso sí, al precio de introducir aún más dimensiones espaciales y «curvarlas» convenientemente.

Podría pensarse que no hay límite al número de dimensiones que podemos añadir, y por tanto al de fuerzas que podemos incorporar usando la idea de Kaluza y Klein. Efectivamente así es, salvo que en nuestro universo exista una propiedad llamada supersimetría que relaciona el tipo de partículas que forman la materia (fermiones) con el de las que transmiten las interacciones (bosones). En tal caso la Relatividad General supersimétrica –o supergravedad– solo es posible si el espacio-tiempo tiene como mucho once dimensiones. Ir más allá requiere algo tan incómodo como tener más de un tiempo.

Fijémonos en que hasta aquí nada realmente nos ha obligado a ir más allá de un espacio tridimensional. Aunque movidos por el noble ideal de unificar todas las interacciones, añadir dimensiones ha sido un acto voluntario. Pero existe un marco teórico –la teoría de cuerdas– que realmente nos obliga a considerar espacios de dimensión superior. La idea básica es engañosamente simple: supongamos que las partículas que consideramos elementales en realidad no fueran sino diminutos bucles de energía, cuerdas. Cada partícula conocida o por conocer correspondería a un estado de vibración de esas cuerdas fundamentales.

Esta hipótesis tiene profundísimas implicaciones. Una de las más trascendentales es que aparece la fuerza que llamamos gravedad y describimos mediante la Relatividad General. La riqueza de la teoría es tal que también puede acomodar con holgura las otras tres interacciones fundamentales. La teoría de cuerdas permite describir así el comportamiento «cuántico» de la materia y las interacciones, y muy en particular el de la gravedad. Esto la hace una seria candidata para resolver el sempiterno problema de la gravedad cuántica. Parece pues un negocio redondo.

La naturaleza cuántica de las cuerdas impone fuertes restricciones. La más relevante para nuestro problema es que fija la dimensión del espacio-tiempo. Si insistimos en que la teoría contenga fermiones —las partículas de las que está hecha la materia— las cuerdas tienen que vivir en un espacio-tiempo de diez dimensiones. De no ser así todo resulta matemáticamente inconsistente. Más aún, la propia teoría de cuerdas puede considerarse parte de la llamada teoría-M definida en un espacio-tiempo de once dimensiones, el valor máximo compatible con la supersimetría y un solo tiempo. Así pues, las dimensiones adicionales dejan de ser una opción para convertirse en una necesidad.

El esquema de Kaluza-Klein queda además incorporado como un mecanismo básico para pasar del espacio-tiempo de diez (u once) dimensiones a uno de cuatro. En realidad, la teoría de cuerdas permite otras posibilidades, tales como que el universo sea una hipersuperficie tridimensional –una brana– en la que estamos atrapados, lo que nos impide «ver» las otras dimensiones (de las cuatro fuerzas solo la gravedad podría verlas, pero esa es otra historia). En cualquier caso, explicar nuestro universo requeriría saber entre otras muchas cosas por qué seis/siete de las nueve/diez dimensiones espaciales permanecen escondidas de forma que solo vemos tres.

Siendo extraordinariamente optimistas esperaríamos que las propias matemáticas de la teoría de cuerdas –o de la teoría-M– condujesen de forma única a un espacio tridimensional, con el número de partículas y las interacciones que describe el modelo estándar de la física de partículas. Las dimensiones extra y el «resto» de la teoría solo se manifestarían en experimentos a energías mucho más altas –en realidad, inimaginablemente más altas– que las estudiadas hasta ahora. No solo podríamos así responder a la pregunta con que abríamos estas líneas, sino que también seríamos capaces de explicar la respuesta.

Desgraciadamente no parece que la teoría de cuerdas conduzca a un triunfo tan espectacular del reduccionismo explicativo. El estudio de sus soluciones –esto es, de las diferentes formas de implementar la «reducción dimensional»– ha revelado la existencia de un gigantesco número de posibles universos. Tan solo aquellos que se parecen al nuestro podrían ser entre 10^{500} y 10^{272000} (en comparación, las 10^{24} estrellas del universo observable son un número irrisorio). Entre estos mundos posibles hay literalmente de todo: unos tendrán más de tres dimensiones «grandes» y otros menos, con leyes físicas radicalmente diferentes a las que conocemos.

La idea de un «paisaje» de posibles universos –un multiverso– surge también en otras teorías físicas como la inflación cosmológica eterna y nos lleva a replantear la cuestión de las dimensiones del espacio. En la historia de la ciencia hay precedentes similares, como el problema de cuántos planetas tiene el sistema solar. Durante la mayor parte de la historia fue este un dato que aparentemente no requería explicación: los planetas simplemente estaban ahí y eran los que eran. A finales del siglo XVI Johannes Kepler creyó haber descubierto la razón matemática de este número. Hoy nuestra respuesta se formula en términos históricos –cómo se formó el sistema solar– y convencionales –qué entendemos por planeta–, algo en último término no muy diferente a cómo explicamos por qué la desembocadura del Bidasoa marca la frontera entre España y Francia, y no la del Adur o la del Nervión.

Al igual que otras propiedades como los valores de las constantes fundamentales, las dimensiones del espacio bien podrían ser meros «parámetros ambientales» asociados con el lugar que habitamos en el multiverso. De ser así, este benigno mundo tridimensional que nos ha permitido emerger como entes conscientes sería una afortunada posibilidad entre un gigantesco número de hostiles alternativas. Un décimo premiado en la gran lotería de las dimensiones.

¡NO HAY DOLOR, VAMOS A CUANTIZAR LA GRAVEDAD!

Mercedes MARTÍN BENITO

E S MUY HABITUAL CUANDO se hace referencia a algún marco teórico en el que el campo gravitatorio sigue las reglas físicas dictadas por la mecánica cuántica usar la expresión 'gravitación cuántica'. Esto implica describir la gravitación a través de unas matemáticas más complicadas y ricas que las que empleamos a la hora de formular nuestras teorías clásicas. Tales leyes cuánticas son las que usamos ya desde el siglo XX para describir el resto de interacciones de la naturaleza, es decir las fuerzas electromagnéticas y nucleares. Sin embargo, para la gravitación no hemos conseguido aún una teoría cuántica completamente satisfactoria, aunque hay diversas propuestas en diferentes niveles de desarrollo.

Hoy en día, tenemos una teoría que explica con mucho éxito todos los fenómenos de tipo gravitacional que observamos a nuestro alrededor. Por ejemplo, aplicando esta teoría podemos predecir con extrema exactitud el movimiento de los planetas en torno al Sol, y gracias a ella hemos conseguido diseñar sistemas de posicionamiento global (GPS) que son capaces de localizarnos con mucha precisión. Esta teoría es la Relatividad General de Einstein. En efecto, hasta la fecha se han hecho muchas mediciones de fenómenos gravitacionales y sin excepción concuerdan perfectamente con las predicciones obtenidas usando las ecuaciones de la Relatividad General. Da igual el *test* gravitacional al que sometamos a esta teoría, que ella siempre saca la mejor nota, incluyendo el más refinado de los exámenes: los patrones de ondas gravitacionales que nos llegan de objetos muy lejanos de otras galaxias. Los patrones predichos por la Relatividad General son una copia casi perfecta de los detectados por los observatorios LIGO y VIRGO. Además, es una teoría bellísima desde el punto de vista matemático. Combina los conceptos de espacio y de tiempo en una sola entidad llamada el espacio-tiempo, que se describe a través de nociones puramente geométricas, como la de curvatura.

Estudiar Relatividad General genera tanto placer como el que sentimos observando la obra de arte más bonita del mundo. ¡Al menos para muchos de nosotros! Entonces cabe preguntarse por qué necesitamos tal teoría de gravitación cuántica, si la teoría clásica de Einstein funciona a la perfección y su belleza es difícil de superar. La respuesta es que hay regímenes en los que la Relatividad General falla, porque predice que ciertas cantidades físicas alcanzan valores infinitos. Estos regímenes se suelen denotar con el nombre de singularidades. La Relatividad General es tan bella, que muere de humildad allá donde no funciona. Al dar resultados sin sentido, ella misma nos está indicando que no debemos aplicarla cerca de dichas singularidades.

Ejemplos de tales singularidades nos los encontramos al querer explicar cómo surgió el universo, pues aplicar la Relatividad General en dicho estudio nos lleva a chocarnos con lo que a veces llamamos 'la gran explosión', o Big Bang en inglés, que vendría a representar una región del universo —nuestro espacio-tiempo en la que toda la materia y energía del universo se concentrarían sin ocupar ningún volumen. Ahí la teoría de la Relatividad General da resultados sin sentido. Tampoco tenemos un conocimiento certero de la física del interior de los llamados agujeros negros, que son objetos cuyo campo gravitatorio alcanza valores tan intensos que, desde el punto de vista de la Relatividad General, nada puede escapar de ellos. Estos dos ejemplos no son meramente teóricos, sino que tienen relevancia física. Sin una explicación de lo que ocurre en dichos regímenes, nuestro deseo de entender el mundo que nos rodea queda truncado.

Pero nuestra curiosidad hace que no nos conformemos, y que intentemos buscar explicaciones. De ahí los esfuerzos de los físicos teóricos en ir más allá de la Relatividad General. Nuestro deseo es formular una teoría más completa que describa la física en esas regiones que ahora llamamos singularidades. Al acercarnos a ellas, el espacio-tiempo se somete a tal tensión que su curvatura se hace enormemente alta. Nuestra experiencia con las otras fuerzas de la naturaleza nos indica que cuando las densidades de energía son enormes el comportamiento de la materia y de sus interacciones muestra unas propiedades extrañas que apellidamos como cuánticas. De hecho, el marco teórico fundamental que describe el resto de las interacciones, las fuerzas electromagnéticas y nucleares, es la llamada teoría cuántica de campos. Esto nos hace suponer que el campo gravitatorio también es cuántico a nivel fundamental. Así, cuando su intensidad es muy alta, como en las cercanías de los agujeros negros, su naturaleza cuántica sería muy patente y no se podría ignorar. En cambio, a intensidades más bajas como las que sentimos en el planeta Tierra o en el Sistema Solar, una teoría más simple puramente clásica, como la Relatividad General, ya es suficiente. Por tanto, en la descripción de los fenómenos en los que los efectos cuánticos sean muy pequeños y nos podamos olvidar de ellos, tal teoría de gravitación cuántica debería coincidir con nuestra niña bonita: la Relatividad General.

Algo similar ocurre con la electricidad y el magnetismo, dos caras de la misma moneda: el electromagnetismo. Para poder explicar fenómenos de nuestra vida cotidiana en los que hay presentes campos eléctricos o magnéticos empleamos las ecuaciones clásicas de Maxwell desarrolladas en el siglo XIX, y que nada saben de propiedades cuánticas. A través de ellas podemos entender por ejemplo cómo una bobina por la que discurre una corriente eléctrica genera un campo magnético, o el simple hecho de que una bombilla luzca al pulsar un interruptor. No obstante, también observamos fenómenos en los que las energías involucradas son mucho más altas que las de la vida cotidiana, y para los que las ecuaciones de Maxwell no son aplicables. Por ejemplo, los choques entre partículas cargadas que ocurren dentro de los aceleradores de partículas, como en el Gran Colisionador de Hadrones (LHC son sus siglas en inglés) que alberga el laboratorio del CERN en Ginebra. Ahí protones y otros constituyentes de la materia chocan unos con otros a velocidades enormes. Estas partículas no son como las bolas que chocan en una mesa de billar, son muchísimo más pequeñas y se mueven a velocidades muy superiores en el sistema de referencia del laboratorio, lo que hace que sean cuánticas. Para predecir qué ocurre en sus choques necesitamos recurrir a la teoría cuántica correspondiente, la llamada electrodinámica cuántica, y al resto del modelo estándar.

A estas alturas el lector se habrá preguntado, seguramente varias veces, ¿pero qué diantre es la cuántica? Ha leído la palabra infinidad de veces, pero puede que hasta ahora no sepa darle significado. No entraremos en detalle a explicar la física cuántica. Se formula con matemáticas muy avanzadas y se basa en conceptos poco intuitivos, que se escapan al alcance de este capítulo. No obstante, podemos dar una idea de sus principales diferencias con la física clásica, más familiar para la mayoría de nosotros. Con una teoría clásica, tener un conocimiento absoluto de un sistema físico en un instante dado permite predecir con exactitud su estado en cualquier otro momento de tiempo. Sin embargo, si el sistema es de naturaleza cuántica no es posible predecir genéricamente el resultado de experimentos sino solo las probabilidades de estos resultados. Los sistemas cuánticos pueden estar en estados que se llaman entrelazados, que presentan correlaciones inexplicables ante nuestros ojos clásicos. La teoría cuántica que describe su comportamiento solo nos permite hacer predicciones probabilísticas sobre las medidas de observables. En el caso de una partícula cuántica, como las de los experimentos del LHC, no podemos asociarle una trayectoria bien definida, sino que más bien deberíamos imaginarla como un objeto muy fluctuante.

Simplificando mucho lo que implica que los constituyentes de la materia o los campos sean cuánticos, podríamos decir que nunca alcanzan el reposo, que fluctúan sin parar. Incluso el concepto de vacío, que clásicamente hace referencia a la nada, en el marco de la cuántica conlleva fluctuaciones asociadas.

A diferencia de lo que ocurre con la electricidad y el magnetismo, no tenemos a nuestro alcance experimentos de laboratorio que puedan explorar fenómenos en los que el campo gravitatorio muestre su posible naturaleza cuántica. Esto es uno de los mayores problemas que dificultan el desarrollo de nuestras propuestas de teorías de gravitación cuántica. Las escalas de energía en las que la gravitación se tornaría cuántica son muchísimo más altas que las que podemos producir en nuestros laboratorios. Actualmente, las escalas más altas de energía que hemos conseguido en el laboratorio son las que se alcanzan en el LHC. En el LHC se han alcanzado energías para cada uno de los protones acelerados del orden del teraelectronvoltio o 10^{12} electronvoltios, pero cuando hablamos de gravitación cuántica las escalas de energía son del orden de 10^{28} electronvoltios. Es decir, muy por encima de las energías que podemos estudiar. Por eso nos las tenemos que ingeniar para predecir efectos observables y medirlos de algún modo. Las dos ventanas más prometedoras para medir efectos de gravitación cuántica son precisamente los agujeros negros y la física del universo temprano, mencionadas antes.

En lo que respecta a los agujeros negros, estos se forman porque dentro de ciertos astros, ya de partida muy densos, se produce un desequilibrio que hace que su materia se compacte cada vez más y más, colapsando sobre sí misma. Si aplicamos la Relatividad General para describir ese colapso, resulta que nunca se detiene y, de acuerdo con nuestra interpretación clásica, acaba por romperse al llegar el objeto a su destino final como agujero negro.

Pero esto, como hemos señalado ya, es una consecuencia de aplicar la Relatividad General a una situación en la que nuestra sensata teoría nos está diciendo que no la estiremos tanto, que ella ahí ya no nos sirve. Recordemos por un momento qué les ocurre a otros objetos astrofísicos menos densos que los que dan lugar a los agujeros negros, pero en los que la materia también está muy concentrada. Nos estamos refiriendo a las enanas blancas y a las estrellas de neutrones que, como los precursores típicos de los agujeros negros, son la fase final de estrellas que han agotado su combustible nuclear. En ellas, el colapso gravitatorio se detiene gracias a una presión de repulsión debida a las fluctuaciones cuánticas de la materia. Si la masa es superior a cierto umbral, que es lo que ocurre para agujeros negros, esa repulsión cuántica no es suficiente para combatir la atracción gravitatoria, y no es capaz de detener el colapso. Sin embargo, podría ocurrir que llegue un momento en el que el colapso se detuviera por efectos repulsivos también puramente cuánticos, más allá de los de la materia, provenientes de las fluctuaciones cuánticas del espacio-tiempo.

En esa situación, entonces, las nociones usuales de materia y de espacio-tiempo probablemente dejan de tener sentido, y más bien se convierten en entidades fluctuantes, descritas en el contexto de la buscada teoría de gravitación cuántica. En nuestro empeño de avanzar en su desarrollo, seguiremos guiándonos por el faro que nos proporcionan las matemáticas. Formular una teoría bien definida desde el punto de vista matemático no es asunto fácil. Conseguirlo ya es un logro nada desdeñable, y necesario para poder extraer predicciones teóricas sólidas. Los avances recientes que se están llevando a cabo en las observaciones sobre el cosmos y sobre agujeros negros nos llevan a pensar que poder comparar predicciones teóricas con datos, algo impensable no hace mucho, ahora puede estar a nuestro alcance. Estas expectativas nos llenan de ilusión y nos empujan a seguir trabajando en nuestro objetivo de enriquecer el legado que Einstein nos dejó, conciliando la cuántica con la gravitación.

PERO, ¿QUÉ ONDA GRAVITACIONAL?

Diego Blas

SEGURAMENTE nunca hayas podido ver en la oscuridad. ¿Te imaginas cómo cambiaría la percepción del mundo que te rodea en una noche cerrada si de repente pudieras hacerlo? Algo parecido ocurrió en 2015: se consiguió detectar, por primera vez en la historia, las señales de sucesos del Universo antes invisibles y localizados a enormes distancias de la Tierra. Estas señales se conocen como ondas gravitacionales, y desde entonces nos están sirviendo tanto para descubrir algunos de los procesos más extremos de nuestro Universo, como para explorar los confines y evolución del mismo. De repente, tenemos un 'nuevo sentido' para explorar la Naturaleza.

¿Qué son estas ondas gravitacionales? De acuerdo con el consenso científico, la autoridad de la lengua define una onda como 'una perturbación periódica que consiste en una serie de oscilaciones que se propagan a través de un medio'. ¿Hay algún medio asociado a la gravitación? Una de las ideas geniales de Einstein fue entender que la respuesta es: ¡sí! La gravitación se puede asociar a deformaciones del espacio-tiempo, que modifican las trayectorias de los objetos. Y cuando decimos objetos nos referimos fundamentalmente a planetas, galaxias, cúmulos de galaxias y cuerpos celestes de escalas y densidades mucho mayores que las de nuestra vida cotidiana.

Es frecuente ver en las ferias de ciencia popular una demostración que consiste en estirar una tela elástica y colocar en ella una bola pequeña pero pesada, por ejemplo una pelota de golf. El símil se completa colocando también sobre la tela una canica que, como la intuición predice, tenderá a caer hacia el pozo formado por la primera bola. La trayectoria de la canica ayuda a entender cómo la deformación del espacio puede dar lugar a una especie de fuerza de atracción. Además, si movemos la bola pesada esta transmite a la canica una orden para que se mueva de nueva y distinta forma. Eso sucede porque la deformación que había producido se ha propagado de forma natural como ocurre en los medios elásticos: se comporta como una onda que se propaga a lo largo y ancho del Universo. Aunque un aspecto fascinante de los fenómenos gravitacionales que no captura esta analogía es que también deforman el tiempo a su alrededor, no sólo el espacio.

Para empezar a entender la importancia de las ondas gravitacionales, podemos compararlas con otras ondas más conocidas: las ondas sísmicas. Al producirse un seísmo, en el hipocentro hay una potente distorsión de la estructura interna de la Tierra, que se acaba propagando tanto por la superficie como por el interior. De esta manera, al atravesar nuestro planeta, va topándose con sus estratos interiores, y portando información sobre su estructura interna a los sismógrafos distribuidos a lo largo de la superficie. De aquí aprendemos que las ondas son mensajeros no sólo del evento que las produce, sino también del medio en que se propagan.

¿Por qué ha sido tan relevante el descubrimiento de ondas gravitacionales? En primer lugar, porque son una predicción de la teoría de la gravitación formulada por Einstein en 1915 (Teoría de la Relatividad General) que no aparecía en la teoría de gravitación anterior (basada en las ideas de Newton, donde la gravedad no está asociada a ningún medio). En segundo lugar, prácticamente cualquier perturbación que cambie el campo gravitatorio emite ondas de este tipo. Esto es debido a la universalidad de la gravitación que hace que todo objeto del Universo gravite, deformando el espacio-tiempo a su alrededor. Pero la parte negativa es que la debilidad de las ondas solo permite detectar a día de hoy aquellas asociadas a eventos que produzcan alteraciones gravitacionales sustanciales. De esta manera, cualquier colisión violenta, transformación de energía, etc. es un posible emisor de ondas gravitacionales detectables. Esto es así, aunque no se genere ningún otro tipo de señal (p. ej. luz). Podemos decir entonces que las ondas gravitacionales son testigos universales de la dinámica del Universo.

Volviendo a la analogía de las ondas sísmicas, imaginemos que vivimos en una parte de nuestro planeta que no tiene actividad sísmica pero que disponemos de sismógrafos. Con nuestras primeras detecciones podríamos por un lado descubrir por primera vez un fenómeno increíblemente potente y jamás observado en nuestro entorno (los terremotos), y por otro lado entender la estructura interna de nuestro planeta.

Finalmente, otro punto muy relevante de la detección de ondas gravitacionales tiene que ver con que la baja intensidad de la gravitación comparada con otras fuerzas de la naturaleza hace que las perturbaciones asociadas con ella prácticamente no se modifiquen en su camino hasta la Tierra. Esto contrasta con lo que ocurre con gran parte de las ondas del espectro electromagnético (en particular con la radiación emitida en el Universo primordial), y hace que nos puedan traer información desde los confines del Universo y de tiempos muy primitivos casi sin alterarse. En resumen, parte de la importancia de detectar ondas gravitacionales se debe a que nos pueden traer información sobre prácticamente todos los objetos que existen en el Universo y sobre épocas primigenias de las que no nos llega ninguna otra señal. Este segundo punto lo trataremos más adelante.

Respecto a una de las ideas que hemos anticipado y que nos interesa desarrollar, aunque en principio parezca poco relevante, podría ocurrir que viviéramos en un Universo donde todos los objetos astrofísicos de importancia fueran visibles. Sin embargo, nuestro lugar de acogida parece alejarse mucho de esta posibilidad: algunos de los astros más extremos que existen no son visibles.

Para entenderlo, volvamos a la deformación de la tela (espaciotiempo) alrededor de un objeto masivo como imagen de la gravedad generada a su alrededor. Supongamos que queremos estudiar la propagación de un rayo de luz en este espacio. Ese rayo de luz también se moverá en un tejido (espacio-tiempo) deformado, de manera que su trayectoria estará afectada por la gravedad. La luz también cae hacia las fuentes de gravitación.

¿Cómo se corresponde este hecho con nuestra experiencia cotidiana donde la luz no parece caer hacia la Tierra? La explicación es que la luz viaja mucho más deprisa que cualquier objeto ordinario. Tan rápido que, al lanzar un rayo de luz hacia el espacio, éste escapa al campo gravitacional de la Tierra. En realidad, esto no es tan difícil: la velocidad a la que un objeto lanzado verticalmente escapa a la atracción de la Tierra es la que adquieren los cohetes que se han usado para lanzar objetos al espacio, unos 11 kilómetros por segundo, muy por debajo de los casi 300 000 kilómetros por segundo a los que viaja la luz.

Si ahora imaginamos un objeto muy masivo y que ocupe poco espacio, su fuerza gravitacional (deformación del espacio-tiempo) puede ser tan intensa que ni siquiera deje escapar la luz, que la haga caer. Estos cuerpos celestes se conocen como agujeros negros, y son una de las predicciones estrella (valga el juego de palabras) de la Relatividad General. Para entender lo extremo de estos objetos, pensemos que un agujero negro de la masa del Sol tiene un radio en torno a 3 kilómetros. Si bien hace tiempo que se predijo la existencia de estos objetos tan peculiares, al no emitir luz, el desafío ha sido detectarlos. Y, aunque ya había otros métodos para hacerlo de manera indirecta, es aquí donde las ondas gravitacionales nos muestran otro de sus aspectos interesantes. Al ser testigos de cualquier deformación intensa de la gravitación, pueden ser directamente sensibles a la dinámica de estos monstruos de la Naturaleza.

Volviendo a la primera detección, el 14 de septiembre de 2015, tras décadas de innovación tecnológica, el detector LIGO (Laser Interferometer Gravitational-Wave Observatory, financiado principalmente por la National Science Foundation de Estados Unidos) fue, por primera vez en la historia, capaz de detectar las sutiles ondas gravitacionales generadas en la fusión de dos agujeros negros. Esta observación estableció también la existencia de agujeros negros en un rango de masas antes no observado. Igualmente, también confirmó de forma directa que las ondas gravitacionales se generaban, se propagaban y se detectaban de acuerdo con la Relatividad General (Einstein predijo la existencia de las ondas gravitacionales casi 100 años antes). En el caso de este evento (denominado GW150914), esta propagación se produjo durante miles de millones de años. De hecho, la colisión que detectamos hace pocos años tuvo lugar en un confín del Universo, cuando los dinosaurios aún no habían aparecido en nuestro planeta, y tan sólo ahora nos llega su señal. Esto quiere decir que, tal y como hemos dicho unos párrafos más arriba, no sólo tenemos un nuevo mensajero de fenómenos violentos no detectados hasta la fecha, sino también la posibilidad de usarlo para escudriñar cómo ha evolucionado el Universo a lo largo de miles de millones de años. Hemos abierto una nueva ventana hacia al cosmos. En lo que se refiere a la energía liberada en este evento (que no emitió luz), según la estimación de uno de los científicos que lidera la colaboración LIGO (el profesor Bruce Allen), ésta es tal que sería capaz de vaporizar todos los planetas de nuestra galaxia, si fuera absorbida en su totalidad.

¿Cómo se han podido detectar estas ondas gravitacionales? Dado que se han producido tan lejos, su intensidad va disminuyendo al propagarse y se necesitan los últimos avances tecnológicos para detectarlas. En el caso de GW150914, su detección se basó en otra propiedad fascinante de las ondas en general: la interferencia. Dos ondas que se superponen (que interfieren) pueden hacerlo de manera que la onda resultante tenga mayor, menor o igual amplitud.

Pensemos en dos olas que se encuentran cuando una está en su mínimo y la otra en su máximo: su encuentro podría resultar en la anulación de ambas para dar lugar a un mar casi en calma. La luz, al ser también una onda, puede generar estos fenómenos de interferencia y se pueden crear configuraciones con regiones oscuras a base de hacer interferir dos haces de luz. Para ello, cada uno de los dos haces de luz ha de llegar al punto de interferencia en un momento muy concreto (para que, por ejemplo, el máximo de uno se compense con el mínimo del otro).

Imaginemos dos de estos haces, y que sus trayectorias se vean afectadas por el paso de una onda gravitacional (pues, recordemos, la gravedad afecta las trayectorias de luz). Este efecto será diferente para cada trayectoria si la onda gravitacional no les llega de la misma manera. En ese caso, al cambiar su trayectoria, la luz de cada haz llega al punto de interferencia un poco antes o un poco después, de modo que la onda gravitacional puede hacer que cambie el patrón de interferencia. Para observar este fenómeno, basta con medir cómo cambian los patrones de regiones oscuras o luminosas. Esta técnica es la base del funcionamiento de los interferómetros láser como LIGO o Virgo, que la usan para medir diferencias en las trayectorias de la luz con precisión equivalente a medir la distancia a la estrella más cercana al Sol (Proxima Centauri, situada a más de 4 años luz) con un error del orden de la anchura de un cabello humano. Estos experimentos son más eficientes cuando la distancia entre las crestas (longitud de onda, relacionada con el inverso de su frecuencia) de la onda gravitacional es del orden de la distancia recorrida por los láseres, pues en ese caso el efecto de la diferencia entre máximos y mínimos de los dos caminos resulta óptimo. Para LIGO y Virgo, es muy relevante el uso las llamadas cavidades de Fabry-Pérot para aumentar la longitud efectiva de los brazos y así conseguir acceder a las frecuencias deseadas.

No obstante, los aspectos anteriores distan mucho de ser todo lo que las ondas gravitacionales aportan a nuestra comprensión de la Naturaleza. El 17 de agosto de 2017 fuimos testigos de otro evento igualmente maravilloso descubierto por la colaboración LIGO-Virgo (Virgo es un interferómetro láser liderado por institutos de investigación europeos y localizado cerca de Pisa). Ese día los tres interferómetros se usaron para detectar la fusión de dos estrellas de neutrones, objetos estelares con intensos campos gravitacionales (con masas similares a la del Sol y radios de decenas de kilómetros) que sí emiten luz. Esta fusión se pudo detectar suficientemente rápido como para alertar a una red internacional de telescopios (que cubren diferentes partes del espectro electromagnético) para que apuntaran en la dirección del suceso, y pudieran, también por primera vez en la historia de la humanidad, reconstruir la evolución de una inmensa explosión de este tipo con gran precisión. De esta forma, pudimos ser testigos, entre otras cosas, de cómo estas explosiones pueden generar algunos elementos de la tabla periódica presentes en la Tierra (incluido el oro) cuyo origen no estaba del todo claro.

También se aprendió mucho sobre la dinámica de los procesos de colisión de estrellas de neutrones, de gran relevancia en el campo de la astrofísica. Finalmente, la detección de las ondas gravitacionales prácticamente a la vez que la de su contrapartida electromagnética nos informó de que estas dos señales se propagan a la misma velocidad. Esto confirma otra de las predicciones que se desprenden de las ideas de Einstein: la velocidad de propagación de las ondas gravitacionales en el vacío ha de ser igual a la de la luz (como manifestación de la naturaleza como onda electromagnética de esta). Al comenzar a detectar las ondas gravitacionales, hemos podido comprobar esta predicción con gran precisión, y, de nuevo, repetir que «Einstein tenía razón». Esta confirmación nos ha ayudado a comprender mejor el Universo en expansión en que se han propagado nuestras nuevas mensajeras hasta el punto de poder descartar muchas ideas que se barajaban para explicar la actual expansión acelerada del Universo.

Y si bien el presente en la detección e interpretación de los datos de las ondas gravitacionales es absolutamente maravilloso, el futuro es todavía más prometedor. Además de su aplicación en otros experimentos terrestres (como el interferómetro KAGRA en Japón), la interferometría láser puede usarse también en el espacio, en este caso con dispositivos de ese tipo operando entre satélites. Esto permite, en principio, hacer experimentos donde los interferómetros no sean de varios kilómetros, como en el caso terrestre, sino de millones de kilómetros. De esta manera, se podrían detectar ondas gravitacionales con longitudes de onda mucho más largas, correspondientes a frecuencias muy bajas. De hecho, si los interferómetros terrestres son eficientes entre 10 y casi 10 mil hercios, los localizados en el espacio podrían cubrir desde una décima de milihercio hasta el hercio (un hercio corresponde a un ciclo por segundo). Para poner en contexto lo que esto significa, recordemos que uno de los aspectos más revolucionarios en la comprensión del cosmos del siglo XX fue la capacidad de observar el universo con ondas electromagnéticas de una gran variedad de frecuencias, desde las ondas de radio a los rayos gamma. Esto es debido a que la producción y la propagación de ondas de diferentes frecuencias aportan información complementaria tanto sobre las fuentes como sobre la composición del medio en que se propagan. En la nueva banda de ondas gravitacionales que explorararán los interferómetros espaciales, puede que haya una gran cantidad de sorpresas sobre el Universo, su composición y su evolución. En particular, se espera poder detectar señales de enormes agujeros negros hasta ahora imposibles de detectar, así como posibles señales emitidas en los albores del Universo y relacionadas con hipotéticas partículas que pueden resolver algunos de los enigmas de la física de las interacciones fundamentales. Por esta razón diferentes agencias espaciales están apostando por esta dirección. La propuesta más sólida hoy en día es la misión liderada por la Agencia Espacial Europea (ESA), con colaboración de la NASA, llamada LISA (Laser Interferometer Space Antenna), recientemente aprobada y que se espera lanzar al espacio durante la próxima década.

Otras ideas prometedoras sobre el futuro de las ondas gravitacionales se deben a otros métodos sensibles a su presencia que la Naturaleza nos ha proporcionado. Uno de ellos se basa en el uso de los fascinantes púlsares, estrellas de neutrones de masa parecida a la del Sol que pueden girar más de mil veces por segundo. Estos púlsares se caracterizan por un efecto de faro: emiten haces de luz en dos de sus extremos y, al girar sobre otro eje, esos haces llegan a nuestros detectores de manera periódica (como ocurre en un faro). Imaginemos que en un determinado momento una onda gravitacional atraviesa el espacio entre el púlsar y nuestro detector. Esto cambia la trayectoria de la luz entre su emisión y su detección, y puede cambiar la frecuencia con la que observamos la llegada de los haces. Analizando la llegada de estos haces, podemos intentar detectar ondas gravitacionales de longitud de onda ultra larga, correspondiente a frecuencias de una mil millonésima de hercio, y que pueden desvelar la dinámica de gigantescos agujeros negros (de masa de hasta mil millones de veces la del Sol) que se encuentran en los centros de las galaxias.

Resulta muy emocionante que los experimentos que buscan estas ondas gravitacionales están actualmente muy cerca de la precisión que se cree necesaria para detectar el efecto predicho por los modelos astrofísicos de estos agujeros negros. De hecho, desde hace unos tres años se ha detectado una señal que puede que se deba a estas ondas gravitacionales. ¡Quizás se confirme su origen muy pronto!

Además, el Universo contiene un fondo de ondas de luz emitido hace más de 13 mil millones de años, y que se ha propagado desde entonces hasta nuestros días (el fondo cósmico de microondas). De nuevo, esta propagación se puede modificar en caso de ocurrir en presencia de ondas gravitacionales. De esta forma, otro género de ondas gravitacionales que pudieron generarse en los primeros instantes del Universo (en el momento conocido como inflación cósmica, y que incluyen longitudes de onda similares al tamaño del Universo observado), quizás puedan observarse. Este método también se está investigando de manera intensa y es posible que en los próximos años podamos detectar estas ondas gravitacionales primordiales. Si esto sucede, la humanidad habrá alcanzado un hito difícil de batir: haber detectado una señal tan antigua como los primeros procesos dinámicos observables.

En resumen, la reciente detección de ondas gravitacionales no sólo ha confirmado una de las predicciones más fascinantes de la física actual. También ha servido para revelar fenómenos del Universo ocultos hasta hace pocos años, así como para abrir la puerta a futuras detecciones. El siglo XXI será, sin duda, un siglo revolucionario para la comprensión de algo tan universal como la gravitación, donde las ondas gravitacionales nos traerán nuevos descubrimientos tanto en lo referente al Cosmos y a los objetos que lo componen, como a los constituyentes fundamentales de la Naturaleza.

Y todo esto es posible porque desde 2015, tenemos una nueva ventana, un «nuevo sentido», para explorar el Universo.

EN UNA GALAXIA DE UN CÚMULO
MUY, MUY LEJANO...

Iván de Martino

No aquí y hoy, sino allí y entonces. Esta es una de las verdades más emblemáticas de la astrofísica observacional. Dado que la información que podemos obtener sobre el Universo nos llega directamente de sus constituyentes, necesitamos que los portadores de esa información tengan tiempo de llegar hasta nuestros telescopios y detectores de partículas.

Entre estos mensajeros se encuentran los escurridizos neutrinos, las ondas gravitacionales, las partículas de alta energía y, por supuesto, la luz (o sea los fotones). Estos últimos son, sin duda, de los que (hasta hoy en día) hemos obtenido la mayor parte de la información sobre el Universo, ya que fueron los primeros a los que tuvimos acceso, y los más sencillos de detectar. Cuando, de noche, levantamos los ojos al cielo, los fotones (o sea las partículas de luz) que llegan de las estrellas atraviesan las capas exteriores del ojo (desde la córnea al humor vítreo) y llegan a la retina generando impulsos eléctri-

157

cos que el nervio óptico transporta hasta el cerebro. Este los interpreta dando forma a la imagen de (por ejemplo) un cielo estrellado. Toda la información transportada por los fotones y otros portadores nos permite entonces observar cómo era el Universo en el momento en que empezaron su viaje hasta nuestros telescopios.

Sin duda alguna, en el transcurso de la vida de todo ser humano hay algún momento crucial que ha marcado, de forma decisiva, su evolución futura. Pues bien, para el Universo no es diferente. Hay muchas épocas peculiares que ayudan a los astrofísicos y cosmólogos a caracterizar la evolución presente, pasada y futura del Cosmos. Sin embargo, es probable que haya un instante de tiempo y unos acontecimientos (previos y siguientes) especialmente importantes que provocaron que el Universo evolucionara de la forma en que lo conocemos. Los astrofísicos y cosmólogos llaman a este instante la época de la recombinación. Pero demos un paso atrás.

Hace unos 14 000 millones de años se produjo el Big Bang, la singularidad que dio origen al Universo. Inmediatamente después el Universo se encontraba en un estado de temperatura y densidad muy elevadas en el que las leyes de la física clásica (que rigen los sistemas macroscópicos) tuvieron que ser sustituidas por la mecánica cuántica (que gobierna lo infinitamente pequeño).

Si quarks y leptones son efectivamente los constituyentes últimos de la materia, cabe suponer que, con la creación de las primeras partículas, el Universo era una mezcla de quarks y leptones, antiquarks y antileptones, y bosones mediadores de la fuerza de Gran Unificación. Entonces, el Universo comenzó a expandirse, aumentando en muy poco tiempo su radio alrededor de cien cuatrillones de veces a una velocidad superior a la de la luz (este periodo se conoce como inflación cósmica). Al expandirse empezó a enfriarse.

Posteriormente, en su primer segundo de vida pasó por una serie de transformaciones que cambiaron su estado físico, permitiendo la formación de electrones, positrones, neutrinos, antineutrinos y fotones. El Universo todavía seguía siendo tan caliente y denso que incluso los neutrinos, que interactuan muy poco con la materia, interactuaban rápidamente con el plasma primordial sin poder propagarse a través de él. En aproximadamente los tres minutos siguientes, el Universo seguiría expandiéndose y enfriándose, la antimateria (positrones, antineutrinos, etc.) desaparecería rápidamente, y tendría lugar la nucleosíntesis (formación) del helio, el deuterio y otros elementos ligeros. En este punto, la temperatura del Universo habría descendido a unos mil millones de kelvin.

Durante los siguientes 10 000 años, el Universo contendría principalmente fotones y neutrinos. También hay electrones, protones y helio, pero ya no hay neutrones libres. Mientras tanto, este plasma primordial sigue enfriándose sin que aún pueda formarse ningún átomo. Debido a la elevada densidad del plasma primordial, los átomos que se forman cuando un protón captura un electrón son destruidos poco después por una colisión con un fotón.

Sólo cuando el Universo se enfría aún más, y su temperatura desciende a unos 4 000 K, la energía de los fotones es tan baja que ya no se pueden romper los átomos que se están formando. Por hacernos una idea esa es más o menos la temperatura de ebullición de metales como el platino o el rodio. El Universo en ese momento tiene unos 300 000 años y el equilibrio entre materia y radiación se rompe. Los protones y los electrones se unen formando los primeros átomos neutros de hidrógeno. La consiguiente desaparición casi completa de las partículas cargadas libres hace que los fotones ya no interactúen fácilmente con la materia, y que sean libres de propagarse por todo el Universo.

Finalmente, estamos en la época de la recombinación del hidrógeno aproximadamente unos 380 000 años despues del Big Bang, cuando el Universo ha vivido solo una pequeña fracción de su vida ya que su edad actual se estima en unos 13 800 millones de años. Se forma así la superficie de última dispersión, es decir, la región más lejana en el universo desde la cual podemos recibir fotones. En ese momento el Universo se vuelve transparente a la radiación. Estos fotones se observan hoy en día como la llamada Radiación Cósmica de Fondo (CMB, por sus siglas en inglés), predicha por primera vez por George Gamow y sus colaboradores en 1940 como el residuo térmico del modelo del Big Bang.

Las fluctuaciones de densidad existentes en el plasma primordial en esa época permanecen esencialmente inalteradas en la historia posterior. Son directamente las que observamos hoy en el CMB. En 1964, Arno Penzias y Robert Wilson midieron, por primera vez y por casualidad, un exceso de temperatura (igual en cualquier dirección) durante el proceso de calibración de una antena de comunicaciones (fue la primera medición experimental de ese fenómeno físico). A una longitud de onda de 7 cm, la señal distribuida isotrópicamente en el cielo correspondía a un cuerpo negro a una temperatura de 3,5 K (unos 270 grados por debajo de cero grados centígrados). Por este descubrimiento, recibieron el Premio Nobel en 1978.

La primera confirmación observacional de la temperatura y el espectro de radiación del CMB se obtuvo con el satélite COBE (COsmic Background Explorer), lanzado en 1989. Aunque el campo de radiación del CMB es altamente isótropo, COBE mostró la existencia de pequeñas desviaciones (las llamadas anisotropías de temperatura del fondo cósmico). Estas variaciones son los datos más informativos sobre las primeras etapas de la evolución del Universo.

La primera anisotropía detectada fue la anisotropía dipolar, inducida por el movimiento del Grupo Local (el grupo de galaxias al que pertenece nuestra Galaxia y que incluye unas 80 más) con respecto a la radiación CMB. El efecto Doppler debido a nuestro movimiento produce una anisotropía de la amplitud de una parte entre mil. En cambio, las anisotropías a menor escala, con una amplitud de una parte entre cien mil, fueron generadas por perturbaciones de densidad en la distribución de la materia, predichas teóricamente como resultado directo del periodo inflacionario, y observadas primero por COBE y confirmadas más tarde por el satélite Wilkinson Microwave Anisotropy Probe (WMAP) a principios de la década de 2000, y más recientemente por el satélite Planck.

Las anisotropías se deben precisamente a las pequeñas fluctuaciones de densidad del Universo primordial. Pues bien, tales anisotropías dan fe de la presencia de esas semillas que empezaron a formar cúmulos de galaxias y galaxias gracias a la gravedad. Las zonas ligeramente más densas (con mayor masa por unidad de volumen) atrajeron materia de las zonas a su alrededor ligeramente menos densas, y este proceso, denominado 'inestabilidad gravitatoria', continuó hasta tiempos recientes, produciendo las estructuras cósmicas.

En las mayores escalas de distancia, la materia se ha agregado en largos filamentos que forman lo que se denomina la 'red cósmica'. En las intersecciones de estos filamentos se han formado supercúmulos de galaxias, dentro de los cuales hay cúmulos de galaxias, formados a su vez por cientos de galaxias como la Vía Láctea. Las galaxias son los componentes básicos de la red cósmica y contienen, además de estrellas, grandes cantidades de gas neutro, polvo, nubes moleculares, campos magnéticos y rayos cósmicos.

El concepto moderno de galaxia se remonta a la hipótesis de los 'universos isla' que el filósofo Immanuel Kant publicó en su *Historia natural general y teoría de los cielos* en 1755. Kant amplió la idea propuesta anteriormente por Thomas Wright de que la Vía Láctea era un gran conjunto de estrellas en forma de disco proponiendo que existían muchos otros sistemas similares en el espacio. Obviamente, la hipótesis de Kant carecía de confirmación observacional, que no llegó hasta 1922, cuando Edwin Hubble, con el telescopio de 100 pulgadas del Monte Wilson, pudo resolver muchas nebulosas (es decir, objetos de apariencia no estelar catalogados por primera vez por Charles Messier en 1791) en agregados de estrellas y determinar que estaban completamente separadas de la Vía Láctea, tal como había imaginado Kant.

Aunque el cuadro parece completo y bien entendido, falta una pieza fundamental que determina tanto la agregación de estructuras en la red cósmica como los movimientos de las estrellas en las galaxias. Este ingrediente, conocido como materia oscura, sólo es observable a través de sus efectos gravitatorios, es decir, de forma indirecta, y actualmente se desconoce en qué consiste. Sólo en el último siglo el concepto de materia invisible u oscura ha alcanzado su connotación actual, aunque con algunos descuidos.

Por ejemplo, Jan Hendrik Oort, en 1932, señaló una discrepancia de hasta un factor 2 entre la cantidad de estrellas visibles y la cantidad total de materia cercana al Sol a la que se deben los movimientos de las estrellas. Aunque este resultado suele considerarse la primera prueba de la existencia de la materia oscura, la discrepancia se palió posteriormente utilizando observaciones más precisas. En otra investigación, Fritz Zwicky señaló una discrepancia entre la masa necesaria para explicar los movimientos de las galaxias en cúmulos (deducida de la aplicación de la segunda Ley de Newton) y la masa deducida de la luz que se observa. Esta discrepancia implicaba la presencia de una gran cantidad de masa invisible y tradicionalmente marcó el nacimiento del problema de la materia oscura.

Sin embargo, hubo que esperar varias décadas para obtener las primeras pruebas observacionales de la existencia de un componente de materia invisible en las galaxias. De hecho, tales pruebas no llegaron hasta 1970 con las mediciones realizadas por Vera Rubin y Kent Ford de la velocidad a la que las estrellas orbitan alrededor del centro galáctico de Andrómeda. Asociando la velocidad con la posición radial de la estrella en la galaxia trazamos lo que hoy día se llaman genéricamente curvas de rotación. Sus observaciones mostraron que las curvas de rotación de las galaxias disminuyen menos rápidamente de lo que sería de esperar si los responsables principales de la masa de la galaxia fuesen sus componentes luminosos. Esta planitud de las curvas de rotación llevó a la conclusión de que las galaxias están incrustadas en halos masivos y oscuros que se extienden mucho más allá de sus regiones luminosas y visibles. Así nació el concepto moderno de materia oscura. Medio siglo después, cosmólogos, astrofísicos y físicos de partículas siguen intentando comprender su naturaleza, origen y abundancia mediante experimentos y observaciones.

Recientes estudios del CMB basados en los datos del satélite Planck han confirmado que la materia oscura en el Universo es unas cinco veces más abundante que la materia ordinaria (es decir, aquella que podemos observar a través de la luz que emite). Aunque se desconoce la naturaleza de las partículas que componen la materia oscura, es uno de los pilares del modelo cosmológico estándar, sin el cual el Universo tal y como lo observamos no podría existir entendiendo que las leyes de la física que lo rigen son las que hoy conocemos.

El origen fundamental de la materia y el concepto de sus partículas constituyentes han sido siempre un tema central de la filosofía y las ciencias naturales a lo largo de la historia del pensamiento humano. El desarrollo de nuevos instrumentos aplicados a la observación de la naturaleza ha conducido a menudo al descubrimiento de nuevos fenómenos físicos. Desde este punto de vista, el futuro es más prometedor que nunca. Los nuevos instrumentos de detección de partículas y los nuevos detectores de ondas gravitacionales serán factorías de descubrimientos que muy probablemente nos permitirán resolver el enigma de la materia oscura y, desde luego, observar y caracterizar el Universo con una precisión sin precedentes.

¡LUCES, MATERIA, Y... ACCIÓN!

Olga MENA

EL MODELO DEL BIG BANG, marco teórico predominante, se basa en un universo muy caliente y denso en sus inicios, que se va enfriando según se expande a lo largo de su evolución. Pequeñas, ínfimas fluctuaciones en la densidad de la luz y la materia presentes en este universo primitivo proporcionan las semillas para la agregación de materia en el universo, que formará lo que llamamos estructuras. Con ese término, nos referimos a planetas, estrellas, galaxias (por ejemplo como la nuestra, la *Vía Láctea*) y cúmulos de galaxias: la atracción gravitatoria causada por pequeñas alteraciones en las concentraciones de la luz y la materia hacen que las irregularidades primitivas crezcan hasta convertirse en las grandes formaciones que observamos en el cielo nocturno. Como cosmólogos, es nuestra labor estudiar el origen, formación y evolución de estas estructuras. Como humanos, queremos entender el origen y el destino del universo.

Hoy en día, el contenido energético del cosmos está repartido entre materia visible o *bariónica* (materia *conocida*) materia oscura (materia *desconocida*), y energía oscura, esta última responsable de la expansión acelerada de nuestro universo, y cuya naturaleza también desconocemos. Aquí hemos recurrido a la equivalencia entre materia y energía que nos proporciona la Relatividad. La proporción aproximada de cada uno de estos ingredientes sería respectivamente de 5%, un 27 % y un 68 % según las observaciones más recientes procedentes del satélite *Planck*.

Tal universo ha sido calificado como extravagante y absurdo. Extravagante, porque estamos muy poco (o nada) familiarizados con sus principales componentes, y absurdo, porque el equilibrio actual tan similar entre materia y energía oscuras es totalmente imprevisto y podría ocurrir una sóla vez en la vida, no sólo para los observadores, ¡sino también para el Universo! De hecho, hay solamente una probabilidad del 1 % de que un observador que viviera en un intervalo de expansión en escala logarítmica y seleccionado al azar en la historia de nuestro universo tuviera la suerte de tener aproximadamente la misma cantidad de energía y materia oscuras. Este problema se conoce como el *why-now?*

Otra señal que refleja nuestra ignorancia acerca de la composición actual del Cosmos lo constituye la naturaleza de la materia y energía oscuras, en especial la de esta última. La explicación más económica y sencilla de la energía oscura sería el suponer que corresponde a una constante cosmológica que representa la energía del vacío, cuya densidad es invariante a lo largo de la historia de nuestro universo. La letra griega Λ es el símbolo genérico que se emplea en las ecuaciones de Einstein para hacer referencia a ese tipo de energía oscura. Tal constante fue introducida por Einstein con el objeto de conseguir un universo estático, produciendo un efecto que compensara convenientemente la expansión que generan la luz y la materia ordinaria. Sin embargo, el descubrimiento de la expansión del universo eliminó la necesidad empírica de la presencia de una constante cosmológica en las ecuaciones que rigen nuestro universo.

De hecho Λ vuelve hoy triunfante a las ecuaciones para representar a la energía oscura en su forma más probable, según el consenso entre los cosmólogos. El problema es que, cuando calculamos el valor de Λ con los métodos de la moderna física de partículas ¡se obtiene un valor que es 123 órdenes de magnitud superior al observado! A esta situación tan desafortunada se la conoce como el problema de la constante cosmológica, que representa un enorme quebradero de cabeza en sí mismo.

Debemos tener en cuenta, de todos modos, que estamos mirando al pasado para poder contar el futuro, y esto nos genera muchas preguntas.

¿Recolapsará nuestro universo? ¿O, por el contrario, continuará expandiéndose cada vez más rápido hasta que toda la materia se desgarre, incluidos planetas, estrellas, e incluso átomos? Encontrar una repuesta en lo conocido, lo visible, es fundamental para conocer lo invisible: el 95% de nuestro universo, como acabamos de ver, nos es desconocido. Responder a estas preguntas supone un reto, no simplemente teórico, sino también tecnológico. Grandes telescopios se encuentran orbitando en el espacio para encontrar respuestas, como el *James Webb Space Telescope* y otros con más de un millón de antenas de radio, como el *Square Kilometer Array*, se encuentran en construcción. Estamos por lo tanto viviendo una época de revolución observacional. Conviene aclarar que cuando hablamos de lo invisible no nos referimos exclusivamente al ojo humano, sino también a ventanas del espectro electromagnético accesible a telescopios como los que acabamos de mencionar, que detectan longitudes de onda más largas o más cortas que las visibles para nosotros. En las siguientes líneas veremos cómo hemos llegado a plantearnos estas preguntas y qué es lo que realmente conocemos de nuestro universo.

El modelo del *Big Bang* como descripción posible del origen y posterior evolución del Cosmos está más que establecido. Una razón rotunda para ello es el hecho de que, cuando observamos nuestro cielo nocturno, vemos cómo las galaxias lejanas se alejan de nosotros. Esto lo sabemos por la alteración que sufre la frecuencia de la luz que emiten y nosotros recibimos, a semejanza a lo que el efecto Doppler nos hace percibir cuando escuchamos la sirena de una ambulancia que se aleja. Otra prueba contundente de nuestro paradigma de la expansión es el fondo de radiación cósmico, luz primordial de nuestro universo temprano, mucho más caliente y denso que el actual. Este fondo de radiación cósmico no sólo proporciona una evidencia rotunda para la expansión del universo en el que vivimos, sino también por el hecho de que confirma que la gravedad transforma las *arrugas* existentes en el universo temprano en galaxias, cúmulos de galaxias y todas las estructuras a grandes escalas. Conviene aclarar que lo que llamamos genéricamente luz cubre de forma inespecífica todo el espectro de la radiación electromagnética, independientemente de su frecuencia, facilitando así nuestro discurso. De acuerdo con esa evidencia antes mencionada las galaxias lejanas parecen alejarse de nosotros, pero, en realidad, es el espacio en sí el que se está expandiendo de manera que aumentan las distancias entre todos los astros que lo forman. Es como si el universo fuera un globo que se hinchara y una galaxia dibujada sobre él viera cómo otra galaxia en el mismo globo se aleja de ella. La galaxia no se aleja, es el globo el que se hincha (la imagen visual es más o menos obvia).

Debido a la expansión, el universo hoy es como un océano gélido en el que el agua sería el fondo de radiación cósmica, muy frío, a una temperatura de tres grados sobre el cero absoluto (unos -270° C). La energía de las partículas de luz que componen este fondo de radiación cósmica (llamadas *fotones*), es inversamente proporcional a su longitud de onda. Este fondo de radiación de microondas contiene 400 *fotones* por centímetro cúbico. Conforme el universo se ha ido expandiendo, la longitud de onda de estos *fotones* se ha ido alargando (como ya hemos anticipado), hasta situarse con su pico de intensidad en torno a los 2 mm en la zona de microondas del espectro electromagnético. Este tipo de radiación es idéntica a la que usamos en nuestros hogares en los hornos microondas, si bien aquella empleada en el ámbito doméstico es de unos 12 mm. Pero no podemos observar ni unas ni otras microondas porque nuestros ojos no están *sintonizados* para tal labor, al igual que no lo están para percibir las ondas de radio. Curiosamente, el fondo de radiación cósmica también contribuye a la imagen borrosa que solía aparecer en nuestras pantallas de televisión cuando intentábamos captarlas empleando una antena, antes de la aparición de la televisión por cable.

A pesar de que la temperatura de la radiación cósmica de fondo es increíblemente uniforme a lo largo y ancho de nuestro universo, posee unas pequeñas fluctuaciones que se observan dependiendo de la dirección en que apuntamos nuestros detectores y que por eso las denominamos anisotropías. Físicamente se relacionan con las «arrugas» que hemos mencionado anteriormente que se manifiestan como fluctuaciones con una amplitud de una parte en 100 000 sobre un valor promedio de 2,7 K. Para entender lo diminuta de esa proporción podemos hacer notar que, curiosamente, cada año entran en juego 100 000 números en el sorteo de la Lotería de Navidad española, así que ese número que recibirá el premio gordo representa la misma proporción del total de números disponibles.

Estas variaciones con respecto al promedio de temperatura es lo que misiones observacionales como el Cosmic Background Explorer (COBE) y los satélites espaciales Wilkinson Microwave Anisotropy Probe (WMAP) y Planck se han dedicado a analizar durante las últimas tres décadas. Se podría entonces decir que estos experimentos son los afortunados en la lotería espacial porque han podido conseguir muchos boletos y ganar muchos premios, no sólo el máximo. Estos telescopios de fotones, aparte de ser los afortunados agraciados del sorteo cósmico, son como máquinas del tiempo. Su capacidad para detectar el fondo de microondas y sus *arrugas*, equivale a haber recorrido la historia hacia atrás para ver el universo en el momento en que apenas contaba con trescientos mil años de edad, cuando esta luz se creó, a una temperatura muchísimo mayor que la que hoy posee, unas mil veces superior. En esa época, nuestro universo tenía un aspecto muy diferente al que tiene en el presente, puesto que todavía no había planetas, ni estrellas, ni galaxias. Era como una sopa homogénea de letras, pero en la que esas grafías estaban representadas por *fotones* y otro tipo de partículas, como, por ejemplo, las que componen los átomos (electrones y protones).

Ahora bien, la pregunta del millón es cómo un universo tan homogéneo y denso se pudo convertir en un cosmos tan complejo como el que hoy en día observamos: ¿cuál es el origen de las arrugas del universo, responsables de este cambio tan drástico en su aspecto?

Una teoría posible, favorita en la actualidad, que podría explicar el origen de nuestras estrellas, galaxias y cúmulos de galaxias postula que las ínfimas fluctuaciones en el fondo de radiación cósmico son amplificadas a tamaños cósmicos en el universo muy, muy primitivo. Según este universo va evolucionando, las fluctuaciones que generan un aumento de la densidad de fotones producen regiones en las que la gravedad se hace más intensa y atrapa en ellas a la materia que a su vez atraerá más materia en un efecto cascada. Así comenzaría la construcción de las estructuras a grandes escalas que hoy observamos en nuestro cielo nocturno.

Los cosmólogos de hoy en día creemos que las fluctuaciones o anisotropías existentes en el fondo de radiación de microondas podrían haber sido originadas en un período denominado inflación, es decir, de expansión acelerada en nuestro universo primitivo. De hecho esta evolución tan rápida borraría las características que harían posible un futuro recolapso del universo. Esa información secundaria es otra parte de las conclusiones destacadas que podemos extraer de esa luz fósil desde los confines del universo. Pero explicar eso requeriría otro capítulo en exclusiva. Podemos inferir si este período de crecimiento desbocado tuvo o no lugar en nuestro universo temprano simplemente afinando el oído para percibir el fondo de radiación cósmica: ¡el patrón de frecuencias de las anisotropías del fondo de radiación cósmico nos podría desvelar la composición de la orquesta del Cosmos! Sigamos por lo tanto escuchando, ya que esa sinfonía nos desvelará el origen de las estructuras del Universo actual.

EPÍLOGO

EN ESTE MOMENTO QUE nos ha tocado vivir gozamos del privilegio de poder contemplar un universo que se muestra generoso con quienes disfrutamos estudiándolo. La luz que lo atraviesa nos trae información fiel y abundante sobre lugares lejanos y épocas remotas. Lo hace de una forma misteriosamente efectiva porque se propaga con una velocidad finita y universal en un entorno casi vacío. Podemos ver directamente buena parte del pasado del cosmos y estudiar así su evolución. Además, tenemos la suerte de recibir imágenes de los astros claras y comprensibles, libres de las distorsiones que las desfigurarían si la luz se comportara de una forma «más clásica». Vivimos en un maravilloso espacio-tiempo relativista que nos invita a explorar su geografía y desentrañar su historia.

La gravitación es una interacción sorprendente. Una fuerza cuya tiranía nos mantiene confinados en un mundo esencialmente bidimensional, pero que puede ser descrita de forma geométrica porque en cierto sentido las partículas materiales se mueven como si fueran libres. Aunque vemos que los objetos caen, podemos decir también que es el suelo lo que nos mantiene en un estado de perpetua aceleración, que se desvanece si damos un salto o viajamos por el espacio. Las extremas condiciones físicas que reinan en el interior de nuestro planeta son prueba fehaciente del enorme esfuerzo que tiene que hacer para soportarnos.

La materia es poderosa, pero no siempre consigue mantener a raya a la gravitación. Como predicen nuestras teorías y vemos con nuestros instrumentos, algunos objetos astronómicos dan testimonio de que la gravedad es capaz de vencer de manera aparentemente definitiva. Entre las estrellas podemos encontrar umbrales sin retorno —los agujeros negros— que ocultan el futuro de enormes concentraciones de materia condenadas a un final sobre el que lo ignoramos todo.

Sabemos qué forma tiene el cosmos, tenemos buenas razones para creer que no es eterno hacia el pasado y comprendemos cómo su geometría condiciona el movimiento y la evolución de los astros que lo pueblan. Por primera vez en la historia podemos hablar con alguna certeza sobre el universo en su conjunto y sus componentes fundamentales. Nos encontramos en una posición parecida a la de aquellos exploradores que en tiempos no tan lejanos llegaron a los últimos lugares desconocidos de la Tierra.

¿Y si el universo no es como pensamos? En el fondo esa es la pregunta que nos tenemos que hacer para que puedan avanzar la física, la cosmología y todas las demás ciencias. En el cosmos quedan misterios por resolver, nuestras observaciones no siempre cuadran, desconocemos muchas cosas por el simple hecho de no haberlas visto nunca y estamos equivocados sobre otras que no comprendemos correctamente. Para que mengüe nuestra ignorancia tenemos que mejorar nuestros experimentos, reflexionar sobre lo que la ciencia nos ha ido enseñando a lo largo del tiempo, revisar con espíritu crítico lo que creemos entender y trabajar en nuevas teorías con empeño y afán creativo. Pero, por encima de todo, tenemos que disfrutar contemplando el universo y regocijarnos con la suerte de poder aprender más. Porque nuestra ignorancia nunca dejará de ser enorme −la inmensidad inabarcable del cosmos lo garantiza−, pero nada nos impide descifrar los secretos de la naturaleza y saciar el hambre de saber; una de las pocas cosas que, en palabras de Steven Weinberg, eleva a la vida humana por encima de la farsa para conferirle algo de la dignidad de la tragedia.

Fernando BARBERO (Presidente de la SEGRE)

NOTAS CURRICULARES

Iván AGULLÓ es full professor en la *Louisiana State University*. Se doctoró en Física por la Universidad de Valencia en 2009.

Fernando BARBERO es investigador del Instituto de Física de la Materia (CSIC), y obtuvo su doctorado en Física en la *Università degli Studi di Bologna* en 1990.

Carlos BARCELÓ es científico titular en el Instituto de Astrofísica de Andalucía (CSIC) y se doctoró en Física por la Universidad de Granada en 1998.

Jose BELTRÁN es profesor titular en el Departamento de Física Fundamental de la Universidad de Salamanca, y se doctoró en Física por la Universidad Complutense de Madrid en 2009.

Diego BLAS es Profesor de Investigación ICREA en el Institut de Física d'Altes Energies. Se doctoró en la *Universitat de Barcelona* en 2008.

Isabel CORDERO CARRIÓN es profesora titular en el Departamento de Matemáticas de la Universidad de Valencia, donde se doctoró en Astrofísica en 2009.

Ruth LAZKOZ es catedrática en el Departamento de Física de la Universidad del País Vasco/*Euskal Herriko Unibertsitatea*. Allí se doctoró en Física en 1998.

Mercedes MARTÍN BENITO es profesora contratada doctora en el Departamento de Física Teórica de la Universidad Complutense de Madrid, y se doctoró en Física por la misma universidad en 2010. Está adscrita además al Instituto de Física de Partículas y del Cosmos (IPARCOS) de dicha universidad.

Ivan de MARTINO es profesor titular en el Departamento de Física Fundamental de la Universidad de Salamanca, en la que obtuvo su doctorado en Física en 2014.

Prado MARTÍN MORUNO es profesora contratada doctora en el Departamento de Física Teórica de la Universidad Complutense de Madrid, se doctoró en Física por por la Universidad Autónoma de Madrid en 2010. También está adscrita a IPARCOS.

Olga MENA es investigadora científica en el Instituto de Física Corpuscular (IFIC) centro mixto del CSIC y de la Universidad de Valencia. Es doctora en Física desde 2002 por la Universidad Autónoma de Madrid.

Gonzalo OLMO es profesor titular en el Departamento de Física Teórica de la Universitat de Valencia (UV), que junto con el IFIC constituye un centro mixto de la UV y el CSIC. En esa universidad también realizó sus estudios de doctorado en Física (2005).

J. Fernando Pascual-Sánchez es profesor titular en el Departamento de Matemática Aplicada de la Universidad de Valladolid. Allí también obtuvo su doctorado en Física (1983).

Diego Rubiera García es profesor ayudante doctor en el Departamento de Física Teórica de la Universidad Complutense de Madrid, se doctoró en Física por por la Universidad de Oviedo en 2008. Es asimismo miembro de IPARCOS.

Miguel Ángel Vázquez Mozo es catedrático en el Departamento de Física Fundamental de la Universidad de Salamanca. Es doctor en Física desde 1994 por la Universidad Autónoma de Madrid.

ÍNDICE

¿Y si el universo no es como pensamos?

SE TERMINÓ DE IMPRIMIR EL

22 DE OCTUBRE DE 2025